职业教育课程改革系列教材

Premiere Pro CS6 案例教程

曾祥民 著

电子工业出版社
Publishing House of Electronics Industry
北京·BEIJING

内 容 简 介

本书以影视制作实践任务为依托,通过任务驱动的方式,促进学习者学习,让学习者在完成任务的过程中,巩固基础知识,锻炼实践技能,启发创作思维,掌握制作理念,获得解决影视制作实际问题的能力。本书分为两部分:第一部分重在介绍基础知识,让学习者了解影视制作的常用名词和基本流程;第二部分是本书的核心,包括记录式短片的制作、商业广告片的制作、个人音乐 MV 的制作、儿童电子相册的制作、对话的剪辑、学校专题片的制作六个不同类型的任务。每个任务都由任务说明、制作思路剖析、技术要点、重要知识点解析、操作步骤和举一反三构成。这些环节逐层推进,一步步解决问题,让学习者在参与问题解决的过程中,完成影视制作能力的提升。差异化的任务,可以让学习者获得全方位的锻炼,促进其综合制作能力的提升。

本书既可作为各大中专院校数字媒体艺术、影视制作相关专业的教材,也可作为想从事影视后期制作工作自学者的学习用书,还可作为 Premiere Pro CS6 软件的培训教材。

未经许可,不得以任何方式复制或抄袭本书之部分或全部内容。
版权所有,侵权必究。

图书在版编目(CIP)数据

Premiere Pro CS6 案例教程 / 曾祥民著. —北京:电子工业出版社,2014.9
职业教育课程改革系列教材

ISBN 978-7-121-24157-4

Ⅰ. ①P… Ⅱ. ①曾… Ⅲ. ①视频编辑软件—中等专业学校—教材 Ⅳ. ①TN94

中国版本图书馆 CIP 数据核字(2014)第 194453 号

策划编辑:关雅莉
责任编辑:郝黎明　　特约编辑:安家宁
印　　刷:三河市鑫金马印装有限公司
装　　订:三河市鑫金马印装有限公司
出版发行:电子工业出版社
　　　　北京市海淀区万寿路 173 信箱　邮编　100036
开　　本:787×1 092　1/16　印张:12.25　字数:314 千字
版　　次:2014 年 9 月第 1 版
印　　次:2020 年 8 月第10次印刷
定　　价:28.00 元

凡所购买电子工业出版社图书有缺损问题,请向购买书店调换。若书店售缺,请与本社发行部联系,联系及邮购电话:(010) 88254888,88258888。
质量投诉请发邮件至 zlts@phei.com.cn,盗版侵权举报请发邮件至 dbqq@phei.com.cn。
本书咨询联系方式:(010) 88254617,luomn@phei.com.cn。

Preface 序 言

15 年前，当刚接触以计算机为平台的非线性编辑的时候，我觉得影视制作一下子进入了软件主导的时代。那时我整天醉心于软件功能的探究，逐一地研究软件里的每个菜单，每个选项，每个按钮；常为发现一个选项的新功能而沾沾自喜，甚至打印过整本的软件帮助文件。我简单地认为视频的编辑、制作和熟悉软件的功能是等同的。

当我对软件的各个功能烂熟于心，并开始从事影视制作的时候，我诧异地发现，我所钻研的大部分软件功能，都鲜有用武之地。更令我憷然的是，影片制作的质量的好坏并不完全取决于对软件的熟悉程度和熟练程度，而是取决于制作人的思路、思想。

后来，在从事影视制作教学的过程中，我发现有很多同学和我当年一样。我既为他们的学习热情感到欣喜，也为他们做了无用功而惋惜。于是我开始思考如何去改进我的教学，如何让学生在熟悉软件的过程中锻炼影视制作思路和思想，从而获得解决影视制作实际问题的能力。

本书就是在这种思路的引导下编撰而成的。本书并不着力去介绍软件的具体功能，而是以影视制作实践任务为依托，通过任务驱动的方式，促进学习者学习，让学习者在完成任务的过程中，巩固基础知识，锻炼实践技能，启发创作思维，掌握制作理念，获得解决影视制作实际问题的能力。本书分为两个部分：第一部分重在介绍基础知识，让学习者了解影视制作的常用名词和基本流程，目的是为第二部分的学习做必要的铺垫和准备；第二部分是本书的核心，包括记录式短片的制作、商业广告片的制作、个人音乐 MV 的制作、儿童电子相册的制作、对话的剪辑、学校专题片的制作六个不同类型的任务。每个任务都由任务说明、制作思路剖析、技术要点、重要知识点解析、操作步骤和举一反三构成。这些环节逐层推进，一步步解决问题，让学习者在参与问题解决的过程中，完成影视制作能力的提升。差异化的任务，可以让学习者获得全方位的锻炼，促进其综合制作能力的提升。

本书既可作为各大中专院校数字媒体艺术、影视制作相关专业的教材，也可作为想从事影视后期制作工作自学者的学习用书，还可作为 Premiere Pro CS6 软件的培训教材。

在完成本书的过程中，辽宁师范大学计算机与信息技术学院的王健副院长、香港科讯交流有限公司的朋友、大连元众创意影视广告公司的同行，对本书提出了很多宝贵的意见和建议，在此表示衷心的感谢。王月、杨吉堃、孙贵富同学出演了本书素材的画面，同样表示由衷的谢意。

由于编者水平有限，书中难免存在疏漏之处，敬请广大读者批评指正。编者非常希望和各位一起研究影视制作问题，一起切磋，共同进步。

编　者
2014 年 7 月

Contents 目 录

知 识 导 论

1. 数字视频基础 ……………………… 2
2. Premiere 软件概述 ………………… 6
3. Premiere 视频制作的基本流程 …… 10

举一反三 ……………………………… 24

任 务 实 践

任务一　记录式短片的制作 ………… 27
　任务说明 …………………………… 27
　制作思路剖析 ……………………… 27
　　制作流程图 ……………………… 28
　技术要点 …………………………… 28
　　镜头的剪辑 ……………………… 28
　　音效的添加 ……………………… 28
　　轨道音量的调整 ………………… 28
　　"音频增益"的应用 ……………… 29
　　字幕的使用 ……………………… 29
　　"PSD"文件的导入 ……………… 29
　　视频素材变速的应用 …………… 29
　　淡入、淡出效果的应用 ………… 29
　重要知识点解析 …………………… 29
　　给素材变速 ……………………… 29
　　调节音量的方法 ………………… 30
　操作步骤 …………………………… 31
　　新建序列，导入素材 …………… 31
　　整理素材 ………………………… 32
　　粗剪 ……………………………… 33
　　精剪 ……………………………… 35
　　添加字幕 ………………………… 37
　　添加音效 ………………………… 51
　举一反三 …………………………… 53

任务二　商业广告片的制作 ………… 54
　任务说明 …………………………… 54
　制作思路剖析 ……………………… 54
　　制作流程图 ……………………… 55
　技术要点 …………………………… 56
　　镜头的剪辑 ……………………… 56
　　音频的添加 ……………………… 56
　　"轨道遮罩键"的应用 …………… 56
　　"照明效果"的应用 ……………… 56

　　"交叉叠化"转场的应用 ………… 56
　　"变速"工具的应用 ……………… 56
　　关键帧动画的应用 ……………… 56
　　"渐变擦除"效果的应用 ………… 56
　　音频淡出效果的制作 …………… 56
　重要知识点解析 …………………… 56
　　轨道遮罩键 ……………………… 56
　　渐变擦除 ………………………… 57
　操作步骤 …………………………… 57
　　新建序列 ………………………… 57
　　添加音频 ………………………… 58
　　视频粗剪 ………………………… 59
　　视频精修 ………………………… 65
　　照明效果的应用 ………………… 67
　　制作遮罩画面 …………………… 70
　　添加转场 ………………………… 77
　　结尾画面的制作 ………………… 80
　举一反三 …………………………… 81

任务三　个人音乐 MV 的制作 ……… 83
　任务说明 …………………………… 83
　制作思路剖析 ……………………… 83
　　制作流程图 ……………………… 84
　技术要点 …………………………… 85
　　字幕的制作 ……………………… 85
　　关键帧动画的设置 ……………… 85
　　画中画的制作 …………………… 85
　　用"RGB 曲线"特效调整颜色 … 85
　　"裁剪"特效的应用 ……………… 85
　　"基本 3D"功能的应用 ………… 85
　　序列的嵌套 ……………………… 85
　重要知识点解析 …………………… 85
　　关键帧动画的设置 ……………… 85
　　"RGB 曲线"特效 ……………… 86

操作步骤 ………………………………… 87
　新建项目和序列 ……………………… 87
　导入素材 ……………………………… 88
　根据音乐剪辑素材 …………………… 88
　调整颜色 ……………………………… 92
　制作画中画 …………………………… 96
　添加字幕 ……………………………… 100
　制作画面整体动作 …………………… 104
举一反三 ………………………………… 113

任务四　儿童电子相册的制作 ……… 115
任务说明 ………………………………… 115
制作思路剖析 …………………………… 115
　制作流程图 …………………………… 116
技术要点 ………………………………… 116
　PSD 文件的导入 ……………………… 116
　"投影"特效、"四色渐变"
　特效的应用 …………………………… 117
　特效参数动画的设置 ………………… 117
　粘贴属性功能的应用 ………………… 117
　序列的嵌套 …………………………… 117
　自定义转场的应用 …………………… 117
　音频编辑 ……………………………… 117
重要知识点解析 ………………………… 117
　PSD 文件的导入 ……………………… 117
　"四色渐变"特效的应用 …………… 117
操作步骤 ………………………………… 118
　新建序列 ……………………………… 118
　导入素材 ……………………………… 119
　制作镜头 01 ………………………… 120
　制作镜头 02 ………………………… 129
　制作转场 ……………………………… 137
　添加背景音乐 ………………………… 140
举一反三 ………………………………… 142

任务五　对话的剪辑 …………………… 143
任务说明 ………………………………… 143
制作思路剖析 …………………………… 143
　制作流程图 …………………………… 144
技术要点 ………………………………… 145
　"音频增益"的应用 ………………… 145
　使用音频波形进行同步的方法 …… 145
　"多机位监视窗"的应用 …………… 145
　"提取"按钮的应用 ………………… 145
　"调音台"的使用 …………………… 145
　动作的剪辑 …………………………… 145
　序列的嵌套 …………………………… 145

重要知识点解析 ………………………… 145
　多机位剪辑 …………………………… 145
　同步 …………………………………… 146
　音频电平表 …………………………… 146
　动作的剪辑 …………………………… 146
操作步骤 ………………………………… 147
　新建序列，导入素材 ………………… 147
　同步音频 ……………………………… 148
　启用多机位 …………………………… 152
　打开多机位监视窗 …………………… 152
　多机位切换 …………………………… 153
　精剪 …………………………………… 153
　添加补拍镜头 ………………………… 156
　调整音频 ……………………………… 159
举一反三 ………………………………… 160

任务六　学校专题片的制作 …………… 161
任务说明 ………………………………… 161
制作思路剖析 …………………………… 161
　制作流程图 …………………………… 162
技术要点 ………………………………… 163
　音量的调整技巧 ……………………… 163
　音频的剪辑 …………………………… 163
　修饰画面的技巧 ……………………… 163
　使用"亮度曲线"调整
　画面亮度 ……………………………… 163
　"闪黑"技巧的应用 ………………… 163
　"裁剪"的应用 ……………………… 163
　"摄像机模糊"的应用 ……………… 163
　"预设"文件夹中效果的应用 ……… 164
　"镜头光晕"的应用 ………………… 164
　"快速模糊入"的应用 ……………… 164
重要知识点解析 ………………………… 164
　"亮度曲线"特效 …………………… 164
　"摄像机模糊"特效 ………………… 165
操作步骤 ………………………………… 165
　新建项目 ……………………………… 165
　编辑音频 ……………………………… 166
　剪辑视频 ……………………………… 170
　修饰、美化画面 ……………………… 176
　视频嵌套 ……………………………… 181
　给画面加遮幅 ………………………… 181
　为结尾镜头做"摄像机模糊" ……… 183
　制作字幕 ……………………………… 184
　给画面加光斑 ………………………… 187
举一反三 ………………………………… 189

知识导论

1. 数字视频基础

数字视频是指以数字信息记录的视频资料。日常生活中使用手机、计算机、硬盘、光盘、存储卡、网络等收看的视频，都是数字视频。

影视后期制作的整个过程都和数字视频息息相关。制作准备阶段素材的收集、整理和导入，成品生成阶段的压缩、格式转换和输出，都涉及数字视频的相关知识。影视制作人员不仅需要对数字视频的格式有比较深入的了解，而且要能根据制作要求调整视频格式的相关参数。因此，在学习影视后期制作前，了解数字视频的基础知识是非常有必要的。

（1）电视制式

在操作 Premiere 的过程中，经常出现类似"DV-PAL"的选项，这是在让用户选择一种视频的制式，它是一种视频的格式标准。目前，世界上通用的电视制式有三种，如表 0-1 所示。

表 0-1 三种电视制式

制 式	国家或地区	垂直分辨率（扫描线数）	帧速率（隔行扫描）（帧/秒）
NTSC	美国、加拿大、日本、韩国	525（480 可视）	29.97
PAL	中国、澳大利亚、欧洲大部分国家	625（576 可视）	25
SECAM	法国及部分非洲国家	625（576 可视）	25

NTSC 制式是美国在 1953 年 12 月研制出来的，并以美国国家电视系统委员会（National Television System Committee）的英文缩写 NTSC 命名。这种制式的供电频率为 60Hz，帧速率为 29.97 帧/秒，扫描线数为 525，隔行扫描。

PAL 制式是 1962 年由前联邦德国在综合 NTSC 制式技术的基础上研制出来的一种改进方案。这种制式的供电频率为 50Hz，帧速率为 25 帧/秒，扫描线数为 625，隔行扫描。

SECAM 制式是 1966 年由法国研制出来的，与 PAL 制式有着同样的帧速率和扫描线数。

我国采用 PAL 制式。PAL 制式克服了 NTSC 制式的一些不足，相对 SECAM 制式又有很好的兼容性，是标清中分辨率最高的制式。

（2）帧速率

帧速率是指每秒钟刷新的图片的帧数，单位为帧/秒，英文缩写为 FPS（Frames Per Second）。

当一系列连续的、相关联的图片映入眼帘时，由于视觉暂留作用，人们会将前后图片的影像进行叠加，建立关联。而当图片显示得足够快时，人眼无法分辨每幅静止图片，取而代之看到的是平滑的动画。每秒钟显示的图片数量就是帧速率，传统电影的帧速率为 24 帧/秒，在美国和其他使用 NTSC 制式作为标准电视的地区中，视频的帧速率大约为 30 帧/秒（29.97 帧/秒）；而在使用 PAL 制式或 SECAM 制式的地区，视频的帧速率为 25 帧/秒。

用 Premiere 来制作影片时，可以预设制式，这样能看到该预设模式帧速率的数值，如图 0-1 和图 0-2 所示。

（3）隔行扫描与逐行扫描

隔行扫描就是每帧被分割为两场，每场包含了一帧中所有的奇数扫描行或者偶数扫描行，通常是先扫描奇数行得到第一场，然后扫描偶数行得到第二场。

逐行扫描是指扫描显示图像时，从屏幕左上角的第一行开始逐行进行，整个图像扫描一次完成。

用 Premiere 来制作影片时，在选择序列预设时能看到类似 1080i 或者 1080p 这样的描述，如图 0-3 所示。i 是 interlace，隔行的意思；p 是 progressive，逐行的意思。

 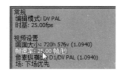 

图 0-1　选择 DV-PAL→标准 48kHz 的预设　　图 0-2　预设模式对应的帧速率数值　　图 0-3　DVCPROHD 模式下的预设

（4）分辨率和像素宽高比

分辨率是用于度量图像内数据量多少的一个参数，通常表示为 ppi（pixel per inch，每英寸像素）。我们常说的视频多少乘多少，严格来说不是分辨率，而是视频的宽/高像素值，即像素宽高比或纵横比。图像的宽/高像素值和尺寸无关，但单位长度内的有效像素值 ppi 和尺寸有关，显然尺寸越大 ppi 越小。

像素宽高比影响影片画面的宽高比，当像素宽高比为 1.0 时，画面效果如图 0-4 所示；当像素宽高比为 1.33 时，画面效果如图 0-5 所示；当像素宽高比为 0.9 时，画面效果如图 0-6 所示。

图 0-4　像素宽高比为 1.0 时的画面　　　　图 0-5　像素宽高比为 1.33 时的画面

Premiere CS6 在输出时，经常见到的像素宽高比，有如图 0-7 所示的几种。

 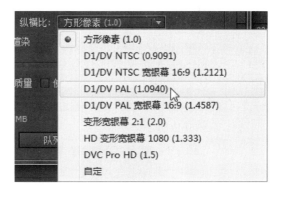

图 0-6　像素宽高比为 0.9 时的画面　　　　图 0-7　常见的像素宽高比

（5）视频压缩

在影视后期制作过程中，绝大多数视频都是被压缩的。我们编辑制作生成的视频，也是被压缩的。选择生成视频的格式，实际上是选择一种压缩方式。视频压缩又称编码，是一种相对复杂的数学运算过程，其目的是通过减少文件的数据冗余，以节省存储空间，缩短处理时间，节约传送通道等。不同的应用领域、信号源及其存储和传播的媒介决定了压缩编码的方式、压缩比率和压缩的效果。常见视频格式的码率如表 0-2 所示。

表 0-2 常见视频格式的码率

视 频 类 型	码率（kbit/s）
未经压缩的高清视频（1920×1080）（29.97 帧/秒）	745750
未经压缩的标清视频（720×486）（29.97 帧/秒）	167794
DV25（minDV/DVCAM/DVCPRO）	25000
DVD 视频	5000
网络视频	100～2000

压缩的方式大致分为两种：一种是利用数据之间的相关性，将相同或相似的数据特征归类，用较少的数据量描述原始数据，以减少存储空间，称为无损压缩；另一种是利用人的视觉和听觉的特性，针对性地简化不重要的信息，以减少数据，称为有损压缩。

有损压缩又分为空间压缩和时间压缩。空间压缩针对每一帧，将其中相近区域的相似色彩信息进行归类，用描述其相关性的方式取代描述每个像素的色彩属性，省去了对人眼视觉不重要的色彩信息。

时间压缩又称插帧压缩（Interframe Compression），是在相邻帧之间建立相关性，描述视频帧与帧之间变化的部分，并将相对不变的部分作为背景，从而大大减少了不必要的帧的信息，如图 0-8 所示。

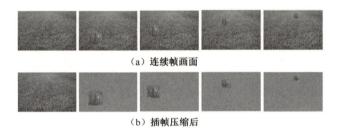

（a）连续帧画面

（b）插帧压缩后

图 0-8 插帧压缩示意图

（6）标清、高清

标清（Standard Definition，SD），具体地说，是指分辨率在 400 线左右，符合 PAL 制式、NTSC 制式和 SECAM 制式的视频格式。VCD、DVD 和传统电视节目都是标准清晰度的。而物理分辨率达到 720p 以上则称为高清（High Definition，HD）。关于高清视频的标准，国际上公认的有两条：视频垂直分辨率超过 720p 或 1080i；视频宽高比为 16：9。标清、高清画面尺寸的对比如图 0-9 所示。

图 0-9 标清、高清画面尺寸对比图

根据画面尺寸和帧速率的不同，高清分为不同的格式，其中分辨率为 1280 像素×720 像素的均为逐行扫描；而分辨率为 1920 像素×1080 像素的，隔行扫描和逐行扫描都有，如表 0-3 所示。

表 0-3 常见高清视频格式的参数

格　式	尺寸（像素×像素）	帧速率
720 24P	1280×720	23.976 帧/秒逐行
720 25P	1280×720	25 帧/秒逐行
720 30P	1280×720	29.97 帧/秒逐行
720 50P	1280×720	50 帧/秒逐行
720 60P	1280×720	59.94 帧/秒逐行
1080 24P	1920×1080	23.976 帧/秒逐行
1080 25P	1920×1080	25 帧/秒逐行
1080 30P	1920×1080	29.97 帧/秒逐行
1080 50i	1920×1080	50 场/秒 25 帧/秒隔行
1080 60i	1920×1080	59.94 场/秒 29.97 帧/秒隔行

高清是一种标准，它不拘泥于媒介与传播方式，可以是广播电视的标准、DVD 的标准，还可以是流媒体的标准。当今，各种视频媒体形式都在向高清的方向发展。

（7）2K 和 4K

2K 和 4K 是在高清标准之上的数字电影（Digital Cinema）格式。2K 分辨率为 2048 像素×1365 像素，4K 分辨率为 4096 像素×2730 像素，如图 0-10 所示。目前，高端数字电影摄像机均支持 2K 和 4K 的标准。

图 0-10 SD、HD、2K、4K 分辨率对比

2. Premiere 软件概述

（1）Premiere 软件简介

在视频制作领域，编辑又称剪辑，是指将拍摄的大量素材，经过选择、取舍、分解与组接，最终完成一个连贯流畅、含义明确、主题鲜明并有艺术感染力的作品。目前剪辑操作借助计算机操作平台，使用硬件和软件相互协作的方式完成编辑操作。

Premiere 是一款由 Adobe 公司推出的常用视频编辑软件。该软件有较好的兼容性，在国内普及率很高，广泛应用于广告制作和电视节目制作中。该软件可以与 Adobe 公司推出的其他软件相互协作，不需要将素材输出即可从工程中彼此调用，这样既可以保证画面质量，又可以提高制作效率。

（2）项目配置

启动 Premiere 后，会出现欢迎界面，该界面中列出最近使用过的项目名称和三个重要选项：新建项目、打开项目和帮助，如图 0-11 所示。

单击"新建项目"按钮，进入"新建项目"窗口的"常规"选项卡，如图 0-12 所示。在此可设置视、音频的显示格式、采集格式、工程存储的位置和工程名称。项目要存储在剩余空间较大的非系统盘内。

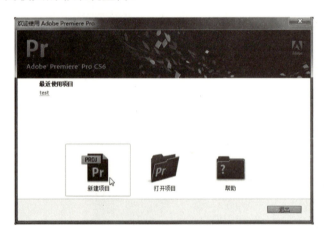

图 0-11 Premiere 欢迎界面　　　　　图 0-12 "新建项目"窗口中的"常规"选项卡

单击"新建项目"窗口的"暂存盘"标签，进入"暂存盘"选项卡，如图 0-13 所示。"暂存盘"选项卡中列出了采集视频、音频存储的位置，视频、音频预览的位置，这些文件的默认存储位置是"与项目相同"。因为采集的视、音频文件和视、音频预览文件通常都较大，所以项目要存储在剩余空间较大、读写速度较快的磁盘内。

单击"新建项目"窗口中的"确定"按钮，进入"新建序列"窗口，如图 0-14 所示。该界面中列出了近百种预设，涵盖了目前存在的绝大多数视频拍摄格式。序列格式的选择既要考虑素材文件的格式，又要考虑制作成品文件的格式。

（3）首选项设置

首选项中定义了 Premiere 的外观和诸多软件属性。通过更改首选项，可以设置 Premiere 的工作状态。在下一次更改之前，首选项中的设置一直有效。

选择菜单栏中的"编辑"→"首选项"→"常规"命令，打开如图 0-15 所示的窗口。

图 0-13 "新建项目"窗口中的"暂存盘"选项卡

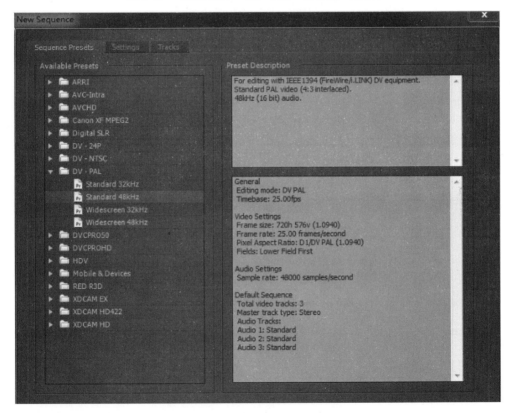

图 0-14 "新建序列"窗口

"首选项"中的设置有很多，下面介绍几个常用的设置。

设置转场时间和图像持续时间：在"常规"选项中可以设置导入工程窗口中的图片持续时间和转场时间。

软件自动存储项目：在"自动存储"选项中可以设置保存的时间间隔和项目备份的数量。达到项目备份最大数量后，最早的备份将被覆盖。

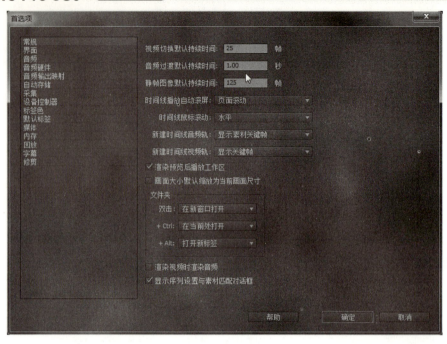

图 0-15 "首选项"窗口中的"常规"选项

设置高速缓存文件位置：在"媒体"选项中可以设置媒体高速缓存文件存储的位置。通常媒体高速缓存文件存储在容量较大、速度较快的硬盘中。

（4）Premiere Pro CS6 界面介绍

启动 Premiere Pro CS6，进入软件默认的工作界面，该界面由五个主要的窗口构成，如图 0-16 所示。

图 0-16 Premiere Pro CS6 默认的工作界面

① 工程（项目）窗口。

工程（项目）窗口是素材文件的管理器，如图 0-17 所示。素材导入后可存放在该窗口中。该窗口可显示文件的名称、类型、长度、大小等信息，可对素材进行归类、排序等管理操作。

② 监视窗口。

监视窗口是用来监视素材和影片成品的窗口，左侧的为素材监视窗，右侧的为节目监视窗，如图 0-18 所示。监视窗下方的按钮，可进行基本的编辑操作。

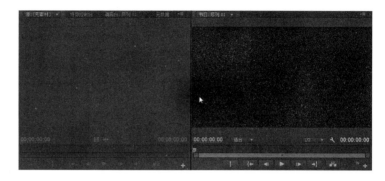

图 0-17　工程（项目）窗口　　　　　　　图 0-18　监视窗口

③ 时间线窗口。

时间线窗口是分切、组合截取的素材片段，对影片进行编辑的主要场所。素材片段按时间的先后顺序或合成的先后层顺序，在时间线上从左至右、由上及下排列，可以使用各种编辑工具进行编辑操作，如图 0-19 所示。

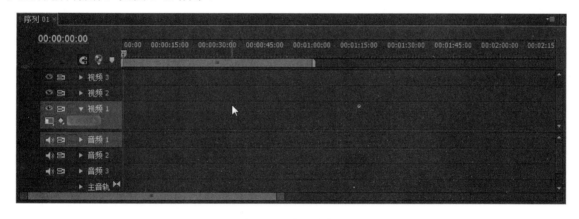

图 0-19　时间线窗口

④ 工具窗口。

工具窗口又称工具箱，包含各种编辑工具，如图 0-20 所示。选中某个工具后，鼠标指针在时间线面板中便会显现此工具的形状，并具有其相应的编辑功能。使用完工具后，需要再单击工具窗口中的选择工具，释放鼠标。

⑤ 特效窗口。

特效窗口中包括 2 个视、音频特效文件夹、2 个转场文件夹和 1 个预设文件夹，如图 0-21 所示。将视、音频特效文件夹中的特效拖曳到对应的素材上，即可完成特效添加；将转场文件夹中的特效添加到剪接点处，即可完成转场添加。

⑥ 信息窗口。

信息窗口显示选中元素的基本信息，为编辑操作提供参考，如图 0-22 所示。如果是素材片段，显示其持续时间、入点和出点等信息。信息显示的方式完全取决于媒体类型等要素。

图 0-20　工具窗口　　　　图 0-21　特效窗口　　　　　　　　图 0-22　信息窗口

3. Premiere 视频制作的基本流程

（1）素材的添加与整理

常用的素材添加与整理方法有三种：素材的采集、素材的导入和通过媒体浏览器（Media Browser）添加素材。

① 素材的采集。

录像带中的视、音频素材，需要通过采集的方式才能输入计算机的硬盘中。视、音频的采集离不开符合相应技术标准的硬件条件。

视、音频的采集除了需要计算机平台以外，还需要视、音频播放设备（信号源）、传输线和视、音频接口。视、音频播放设备将视、音频信号通过传输线，输出到视、音频接口。计算机平台通过视、音频接口接收视、音频信息，并将视、音频文件存储到硬盘中，完成信号的采集。

按照传输信号的种类，采集可分为两种：数字信号的采集和模拟信号的采集。

数字信号的采集是整个采集过程中，信号不涉及模拟到数字的转换，整个传输过程都是数字化的。信号通过摄像机的数字接口输出，由计算机平台中的数字接口输入，如图 0-23 所示。

模拟信号的采集是模拟信号通过视、音频接口时，信号发生了模拟到数字的转换。信号通过摄像机的模拟接口输出，由计算机平台中的模拟接口输入，在接口卡中完成从模拟信号到数字信号的转换，如图 0-24 所示。

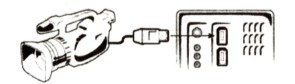 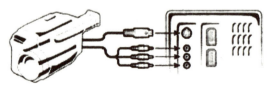

图 0-23　数字信号的采集过程　　　　图 0-24　模拟信号的采集过程

连接好视、音频播放设备、传输线和视、音频接口以后，启动 Premiere Pro CS6，按快捷键"F5"打开采集窗口，如图 0-25 所示。按录制键，即可采集视、音频信号。

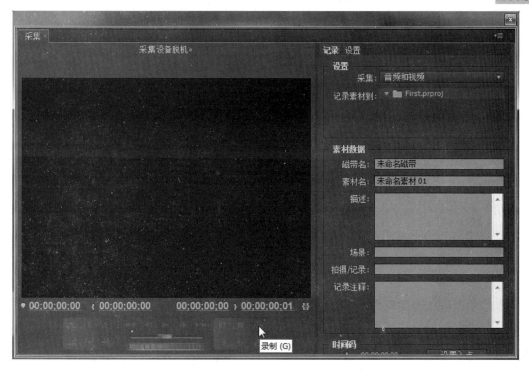

图 0-25 采集窗口

随着拍摄、存储技术的发展，摄像机大多采用卡式或者硬盘式的存储方式，采集的过程也就被省略了。而素材的导入和通过媒体浏览器添加素材的方式，便成为视、音频制作的主流。

② 素材的导入。

在 Premiere Pro CS6 项目（工程）窗口的空白处右击，在弹出的快捷菜单选择"导入"命令，如图 0-26 所示。

在弹出的"导入"窗口中选择需要导入的素材，如图 0-27 所示。单击"打开"按钮，可将素材导入项目窗口中，如图 0-28 所示。

图 0-26 快捷菜单中的"导入"命令

图 0-27 在"导入"窗口中选择素材

图 0-28　素材被导入项目窗口中

③ 通过媒体浏览器添加素材。

媒体浏览器可以使浏览、分类查找、预览文件变得更为简捷。选择菜单中的"窗口"→"媒体浏览器"命令，如图 0-29 所示，打开媒体浏览器窗口，如图 0-30 所示。

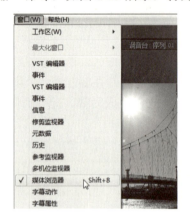　　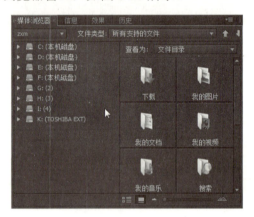

图 0-29　"媒体浏览器"命令　　　　　　　图 0-30　媒体浏览器

在媒体浏览器左侧选择素材文件夹的路径，如图 0-31 所示；在右侧选择素材文件的类型，如图 0-32 所示。

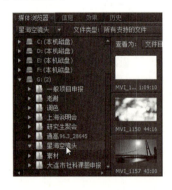　　

图 0-31　选择素材文件夹的路径　　　　　　图 0-32　选择素材文件的类型

选择好后，指定路径下相应格式的文件就被显示在媒体浏览器中，如图 0-33 所示。

图 0-33 媒体浏览器中显示的素材文件

双击媒体浏览器中的素材,则素材被添加到素材监视窗中预览。选中素材,右击,在弹出的快捷菜单中选择"导入"命令,如图 0-34 所示,素材被添加到项目窗口中,如图 0-35 所示。

图 0-34 "导入"命令

图 0-35 素材被添加到项目窗口中

(2)视、音频的剪辑

① 视、音频的预览。

剪辑前,要预览素材。对于导入项目窗口中的素材,单击项目窗口左下角的列表视图或图标视图,如图 0-36 所示,可以改变素材的显示模式。图 0-37 是列表视图模式下显示的素材,图 0-38 是图标视图模式下显示的素材。

图 0-36 列表视图和图标视图

在图标视图模式下,可用鼠标在素材上左右移动来预览缩略图状态下的素材,如图 0-39 所示。这样可以高效率地粗略预览素材。双击项目窗口中的素材,可以将其添加到左侧的素材监视窗中,如图 0-40 所示。

单击素材监视窗,将窗口激活。在英文输入法状态下按"L"键播放素材;按"K"键暂停播放;按"J"键倒放素材。

图 0-37 列表视图模式下显示的素材　　　　图 0-38 图标视图模式下显示的素材

图 0-39 鼠标在素材上左右移动　　　　图 0-40 素材被添加到左侧的素材监视窗中

在正常播放状态下，再按一次"L"键，快进播放素材，还可以继续按"L"键，再次加速，直到达到最大速度为止。

在倒放状态下，再按一次"J"键，快倒播放素材，还可以继续按"J"键，再次加速，直到达到最大倒放速度为止。

将"K"键和"L"键一起按下，是慢速播放素材，速度大约是正常播放速度的 1/4；将"K"键和"J"键一起按下，是慢速倒放素材，速度大约是正常倒放速度的 1/4。

按住键盘上的"K"键后，按一次"L"键，向前推进一帧；按住键盘上的"K"键后，按一次"J"键，向后倒退一帧。

预览素材所用的快捷键如表 0-4 所示。

表 0-4 预览素材所用的快捷键

快捷键	功能
L	播放
K	暂停
J	倒放
多次按L（2~4）	快进
多次按J（2~4）	快倒
K、L一起按	慢放
J、K一起按	慢退
按住K后，按一次L	向后一帧
按住K后，按一次J	向后一帧

② 用入、出点截取一个镜头。

双击项目窗口中的素材，将其添加到素材监视窗。按"L"键播放素材，预览素材画面。找到合适的画面后，按"I"键，在素材监视窗中打"入点"，如图0-41所示。继续按"L"键，播放素材，确定好镜头的结束点，按键盘上的"O"键，在素材监视窗中打"出点"，如图0-42所示。入、出点之间的段落，就是截取的一个镜头。

③ 将入、出点之间的镜头添加到序列中。

将鼠标光标放在素材监视窗的画面上，如图0-43所示。拖曳鼠标，将入、出点之间的镜头拖曳到时间线窗口序列1的视频1轨道上，如图0-44所示。

按大键盘上的"+"、"－"键，可以改变时间线窗口的显示比例，起到放大、缩小素材尺寸的作用，且并不改变素材的持续时间。

图0-41　在素材监视窗位置标尺处按"I"键打入点　　图0-42　在素材监视窗位置标尺处按"O"键打出点

图0-43　鼠标光标在素材监视窗的画面上

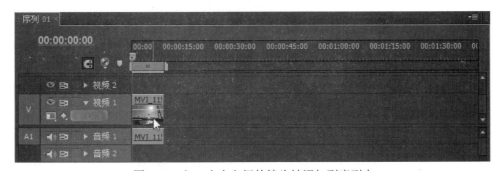

图0-44　入、出点之间的镜头被添加到序列中

素材监视窗下方有"仅拖动视频"和"仅拖动音频"按钮,如图0-45和图0-46所示。用鼠标拖曳该按钮,可以只添加入、出点之间的视频或音频。

图0-45　"仅拖动视频"按钮　　　　图0-46　"仅拖动音频"按钮

④ 插入和覆盖。

插入和覆盖是将素材监视窗中的镜头添加到序列中的两种方式。素材被添加到素材监视窗以后,用入、出点标记好一段画面,如图0-47所示。将序列中的位置标尺移动到要添加素材的位置,如图0-48所示。

图0-47　用入、出点标记一段画面　　　图0-48　移动位置标尺,确定添加素材的位置

插入编辑时,单击素材监视窗下方的"插入"按钮,如图0-49所示,素材监视窗中入、出点之间的素材被添加到序列中位置标尺之后。序列中原来位于位置标尺之后的素材向右移动,接在插入素材之后,如图0-50所示,序列的持续时间变长。

图0-49　素材监视窗下方的"插入"按钮　　图0-50　插入的素材将原位置素材向右推动

覆盖编辑时,单击素材监视窗下方的"覆盖"按钮,如图0-51所示,素材监视窗中入、出点之间的素材被覆盖到序列中位置标尺之后。序列中原来位于位置标尺之后的素材被覆盖,如图0-52所示,序列的持续时间可能不变。

图0-51　素材监视窗下方的"覆盖"按钮　　图0-52　入、出点之间的素材覆盖原有素材

(3)字幕、转场与特效的添加

① 字幕的添加。

选择菜单栏中的"字幕"→"新建字幕"→"默认静态字幕"命令,如图0-53所示。打开"新建字幕"窗口,如图0-54所示。

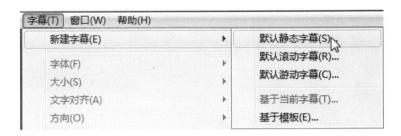

图 0-53 "默认静态字幕"选项

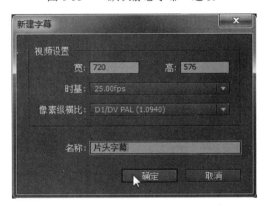

图 0-54 "新建字幕"窗口

"新建字幕"窗口中大部分是"视频设置"区域,可设置字幕的"宽"、"高"、"时基"和"像素纵横比",且要和序列的设置相匹配。

在"新建字幕"窗口中的"名称"处输入字幕的名称,单击"确定"按钮,进入字幕窗口,如图 0-55 所示。

图 0-55 字幕窗口

单击字幕窗口中的监视窗,出现输入字幕的光标,输入文字,如图 0-56 所示。

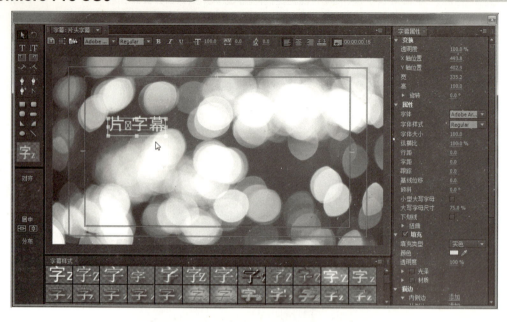

图 0-56　在字幕窗口中输入文字

在右侧"属性"处修改字体、字号等参数，如图 0-57 所示；在"填充"处调整字幕的颜色、材质等参数，如图 0-58 所示；在"描边"处给字幕添加边框，如图 0-59 所示。

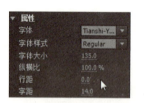  

图 0-57　"属性"参数设置　　　图 0-58　"填充"参数设置　　　图 0-59　"描边"参数设置

单击字幕窗口左侧工具栏中的"选择工具"，如图 0-60 所示，用"选择工具"调整字幕的位置，效果如图 0-61 所示。

字幕属性设置好后，将字幕窗口关闭，字幕就被保存到"项目"窗口中了，如图 0-62 所示。

将字幕直接拖曳到序列中的"视频 2"轨道上，让字幕与"视频 1"轨道上的素材叠加，如图 0-63 所示。节目监视窗中出现叠加字幕后的画面效果，如图 0-64 所示。

图 0-60　选择工具　　　　　　　　　图 0-61　调整后的字幕效果

图 0-62　"项目"窗口中的字幕　　　　图 0-63　字幕与"视频 1"轨道上的素材叠加

图 0-64　叠加字幕后的画面效果

② 转场的添加。

单击"效果"栏，或按组合键"Shift"+"7"打开效果面板，如图 0-65 所示。单击"视频切换"文件夹前边的小三角，展开"视频切换"文件夹，如图 0-66 所示。文件夹中列出了各类的视频转场特效，这里以其中的一个转场为例，介绍转场特效的应用。

图 0-65　效果面板　　　　图 0-66　效果面板中的"视频切换"文件夹

单击"划像"文件夹前的小三角，展开"划像"文件夹，如图 0-67 所示，将"划像"文件夹中的"划像形状"转场拖曳到序列中两个镜头的衔接处，如图 0-68 所示。

图 0-67　"划像"文件夹中的转场　　　　图 0-68　"划像形状"转场被添加到镜头衔接处

移动序列中的位置标尺到添加转场的剪接点处，如图 0-69 所示，节目监视窗中出现"划像形状"转场的画面效果，如图 0-70 所示。

图 0-69　移动位置标尺到添加转场的剪接点处

图 0-70　"划像形状"转场的画面效果

单击剪接点处的转场特效，如图 0-71 所示。打开"特效控制台"面板（组合键"Shift"+"7"），显示出转场特效控制参数，如图 0-72 所示。勾选"显示实际来源"复选框，显示出转场开始画面和结束画面，如图 0-73 所示。

图 0-71　单击剪接点处的转场特效

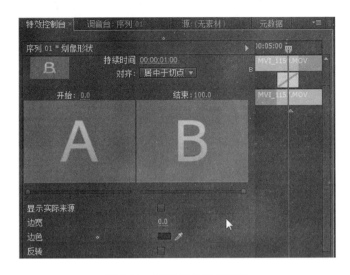

图 0-72　转场特效控制参数

图 0-73　显示转场开始画面和结束画面

调整"边宽"、"边色"的参数,如图 0-74 所示,重新定义转场属性。调整完属性后的转场效果如图 0-75 所示。

图 0-74　调整"边宽"、"边色"的参数

图 0-75　调整完属性后的转场效果

③ 特效的添加。

打开"效果"栏,单击"视频特效"文件夹前的小三角,展开"视频特效"文件夹,如图 0-76 所示。文件夹中列出了各类的视频特效,这里以其中的一个特效为例,介绍特效的应用。

单击"扭曲"文件夹前的小三角,展开"扭曲"文件夹,如图 0-77 所示。将"扭曲"文件夹中的"弯曲"特效拖曳到序列镜头上即可添加特效,添加特效的素材上有一条绿色的线,如图 0-78 所示。

图 0-76 "视频特效"文件夹

图 0-77 "扭曲"文件夹中的特效

图 0-78 素材"MVI_1157"上有一条绿色的线

选中添加特效的素材,并移动位置标尺到该素材上,如图 0-79 所示。打开"特效控制台"面板(组合键"Shift"+"7"),调整"弯曲"特效的控制参数,如图 0-80 所示。调整后的画面效果如图 0-81 所示。

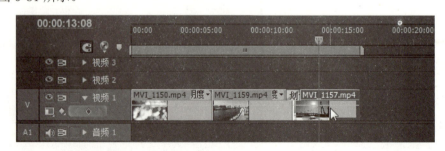

图 0-79 移动位置标尺到添加特效的素材上

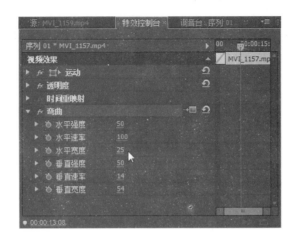

图 0-80 调整"弯曲"特效的控制参数

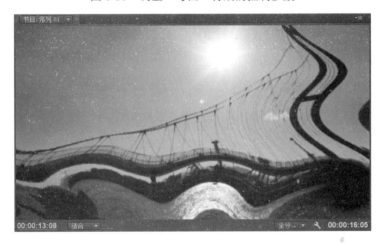

图 0-81 添加"弯曲"特效的画面

（4）整理输出

① 输出媒体的方法。

影片制作完成后，用鼠标调整工作区覆盖的范围，如图 0-82 所示，决定输出的范围。

选择菜单中的"文件"→"导出"→"媒体"命令，打开"导出设置"窗口，如图 0-83 所示。在右侧设置视频的"格式"，在"预设"中选择该种格式已有的预设，如图 0-84 所示。在"输出名称"中设置好文件名称，单击"导出"按钮，导出文件。

图 0-82 调整工作区覆盖的范围

图 0-83 "导出设置"窗口

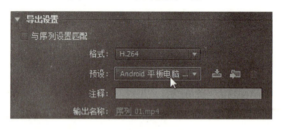

图 0-84 导出格式的设置

② Premiere Pro CS6 的输出类型。

Premiere Pro CS6 可输出以下类型的文件。

媒体：选择菜单中的"文件"→"导出"→"媒体"命令，打开"输出设置"窗口，输出视频、音频和图片文件。

录像带：选择菜单中的"文件"→"导出"→"磁带"命令，将编辑好的文件直接录制到录像带中。录制前要保证视、音频传输接口与录像机连接状态良好。

EDL：编辑决策列表（Editorial Determination List），是由时间码值形式的镜头剪辑数据组成的列表。EDL 在脱机/联机模式或代理剪辑时极为重要。使用低码率素材编辑生成的 EDL 被读入高码率素材的系统中，作为最终制作的基础。

举 一 反 三

1. 首选项中，（　　）设置媒体高速缓存文件存储的位置。

   A．常规　　　　　　B．自动存储　　　　　C．媒体　　　　　D．内存

2. 4K 的分辨率是（　　）。

   A．4096 像素×2730 像素　　　　　　B．2048 像素×1365 像素

C．1024 像素×768 像素　　　　　D．1920 像素×1080 像素

3．预设中的 1080p 表示什么含义？

4．覆盖编辑和插入编辑的区别有哪些？

5．预览素材所用的快捷键有哪些？

6．如何使用 Premiere 输出 MP4 格式文件？

7．使用"视频切换"特效制作如图 0-85 所示的画面效果。

图 0-85　使用"视频切换"特效制作的画面效果

任务实践

任务一
记录式短片的制作

任务说明

本任务是剪辑一段包饺子的记录式短片,包括 10 段视频、2 张图片、4 段音频。既然是记录式短片,剪辑时随意性会较大,但要注意把握节奏,控制信息量。另外,要合理地运用字幕、音效等元素增加短片的可视性。

本任务素材

本任务素材位置:剪辑记录式短片\素材。

制作思路剖析

本任务采用的是纪实性拍摄的记录式短片。最终的成片能保证有趣、节奏不拖沓即可。制作时，要熟悉拍摄的内容，了解拍摄的质量。为了防止短片节奏松散、拖沓，剪辑时要优先选择与制作必要环节密切相关和有趣的镜头。此外，部分镜头还采用变速特技，达到丰富画面效果的目的。最后，为了增加短片的可视性，可添加有特点的字幕和音效，为影片增色。

△○ 制作流程图

流程 1　新建序列

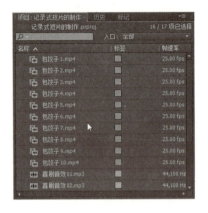

流程 2　导入素材

流程 3　整理素材

流程 4　粗剪和精剪

流程 5　添加字幕

流程 6　添加音效

技术要点

- 镜头的剪辑
- 音效的添加
- 轨道音量的调整

- "音频增益"的应用
- 字幕的使用
- "PSD"文件的导入
- 视频素材变速的应用
- 淡入、淡出效果的应用

重要知识点解析

给素材变速

常用的变速方法是使用工具栏中的"速率伸缩工具",如知识点解析 1 所示。单击后,鼠标变成"速率伸缩工具"形状。将鼠标移动到序列中素材的首部或尾部,将素材拉长,如知识点解析 2 所示。此时素材速率变慢,素材上显示出当前的速率,如知识点解析 3 所示。

知识点解析 1　工具栏中的"速率伸缩工具"　　　　知识点解析 2　素材被拉长

相反,将素材缩短。此时素材速率变快,素材上也显示出当前的速率,如知识点解析 4 所示。另外,使用完"速率伸缩工具"后,要单击工具栏中的"箭头",将鼠标切换回常规状态。

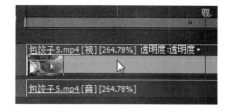

知识点解析 3　素材上显示出当前的速率(慢)　　知识点解析 4　素材上显示出当前的速率(快)

另一种变速的方法是,选中素材,右击,在弹出的快捷菜单中选择"速度/持续时间"命令,如知识点解析 5 所示。打开"素材速度/持续时间"窗口,如知识点解析 6 所示。在该窗口中可以设置播放"速度"及"持续时间"。另外,勾选"倒放速度"复选框可以让素材倒着播放。

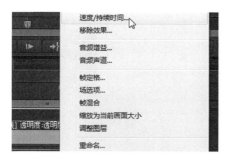

知识点解析 5　"速度/持续时间"命令　　　　知识点解析 6　"素材速度/持续时间"窗口

调节音量的方法

声音文件被添加到音频轨道中以后，展开轨道上的小三角，如知识点解析7所示，能看到音频文件上有一条黄色的线，如知识点解析8所示。这条线是控制声音音量的，用鼠标向上推动这条线可以提高音量，向下拉动可以降低音量。

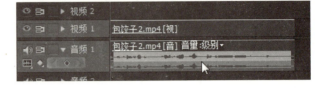

知识点解析7　音频轨道上的小三角　　　　知识点解析8　控制声音音量的黄色线

音频增益是另一种调节音频文件音量的方法。选中音频文件，右击，在弹出的快捷菜单中选择"音频增益"命令，如知识点解析9所示。在弹出的"音频增益"窗口中根据"峰值幅度"设定音频增益（不超过"峰值幅度"），如知识点解析10所示。

知识点解析9　"音频增益"命令　　　　知识点解析10　"音频增益"窗口

还有一种调节音量的方法是使用调音台。单击素材监视窗口旁边的"调音台"标题栏，切换到调音台界面，如知识点解析11所示。调音台中，上半部分是左/右平衡旋钮，如知识点解析12所示。向左拖曳，声音输出到左声道多一些；反之，右声道多一些。

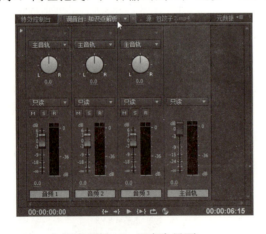

知识点解析11　调音台界面　　　　知识点解析12　左/右平衡旋钮

中间的M、S、R按钮，如知识点解析13所示。M按钮是静音，按下后，将该轨道设置为静音状态。S按钮是独奏，按下后，仅该轨道声音可以输出，其他轨道进入静音状态。R按钮是激活录制轨道，按下后，可以通过声音输入设备，将声音录制到该轨道上。

如知识点解析 14 所示为音量调节推子，该推子控制整个轨道音频的音量，向上推，音量增加；向下拉，音量减小。

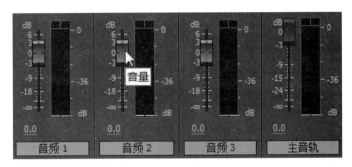

知识点解析 13　M、S、R 按钮　　　　　　　　知识点解析 14　音量调节推子

操作步骤

新建序列，导入素材

1. 启动 Premiere Pro CS6 软件，单击"新建项目"按钮。在"新建项目"窗口中创建一个名称为"记录式短片的制作"的项目文件，如图 1-1 所示。单击"确定"按钮，进入"新建序列"窗口。

2. 在"新建序列"窗口的"序列预设"栏里，选择"DV-PAL"中的"宽银幕 48kHz"，如图 1-2 所示。在"新建序列"窗口下方的"序列名称"处输入"记录式短片的制作"，如图 1-3 所示，单击"确定"按钮，进入编辑界面。

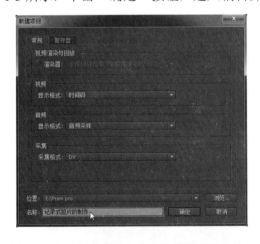
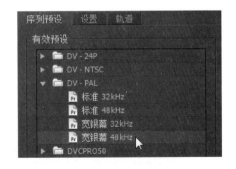

图 1-1　在"新建项目"窗口中设置项目名称　　　图 1-2　设置项目的格式

图 1-3　将序列命名为"记录式短片的制作"

3. 在"项目：记录式短片的制作"窗口的空白位置双击，打开导入窗口，在"剪辑记录式短片\素材"中，框选所有的素材，如图 1-4 所示，单击"打开"按钮，即可将素材导入。

图1-4 框选所有素材

4. 导入素材的过程中出现"导入分层文件：星_1"的提示框，如图1-5所示。在"导入为"处选择"单层"，如图1-6所示，单击"确定"按钮。用同样的方法处理后续出现的提示框。

图1-5 "导入分层文件：星_1"的提示框

图1-6 在"导入为"处选择"单层"

△○ 整理素材

5. 素材被导入项目窗口中，如图1-7所示。按住"Ctrl"键的同时单击4个音频素材，如图1-8所示。

图1-7 素材被导入项目窗口中

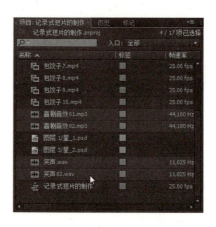

图1-8 选中4个音频素材

6. 将选中的 4 个音频素材，拖曳到项目窗口右下角的"新建文件夹"（见图 1-9）按钮上。此时，选中的 4 个音频素材被添加到新建的文件夹内，如图 1-10 所示，将"新建文件夹"重命名为"音频"，如图 1-11 所示。

图 1-9　"新建文件夹"按钮　　　　　图 1-10　4 个音频被添加到新建的文件夹内

7. 将"图层 1/星_1"和"图层 3/星_2"文件也添加到新建的文件夹内，并将文件夹命名为"图片"，如图 1-12 所示。至此，完成素材文件的初步整理。

图 1-11　将"新建文件夹"重命名为"音频"　　　图 1-12　两张图片被添加到"图片"文件夹内

△○ **粗剪**

8. 在项目窗口中双击"包饺子 1"素材，将素材添加到素材监视窗。在英文输入法状态下，按键盘上的"L"键播放，在 06 帧处按"I"键打入点，如图 1-13 所示。按"L"键继续播放，在 4 秒 09 帧处按"O"键打出点，如图 1-14 所示。

图 1-13　在 06 帧处按"I"键打入点　　　图 1-14　在 4 秒 09 帧处按"O"键打出点

9. 单击素材监视窗，将入、出点之间的视频拖曳到"视频 1"轨道的起点处，如图 1-15 所示。

图 1-15　素材被添加到"视频 1"轨道的起点处

10．单击"素材监视窗"将其激活，按"L"键继续播放"包饺子 1"素材，在 21 秒 12 帧处按"I"键打入点，在 25 秒 24 帧处按"O"键打出点。单击素材监视窗，将入、出点之间的视频拖曳到"视频 1"轨道的第一段素材后，如图 1-16 所示。

图 1-16　第二段素材被添加到第一段素材后

11．继续播放"包饺子 1"素材。在 34 秒 02 帧处按"I"键打入点，在 35 秒 16 帧处按"O"键打出点。将入、出点之间的视频拖曳到"视频 1"轨道的第二段素材后，如图 1-17 所示。

图 1-17　第三段素材被添加到第二段素材后

12．双击项目窗口中的"包饺子 2"素材，将其添加到素材监视窗中。将 02 帧到 4 秒 09 帧之间的素材和 8 秒 14 帧到 13 秒 22 帧之间的素材分别添加到第三段素材后和第四段素材后，如图 1-18 所示。

图 1-18　五段素材都被排列在序列中

13．用同样的方法将"包饺子3"素材中4秒05帧到5秒20帧之间的段落、"包饺子4"素材中2秒18帧到4秒15帧之间的段落、"包饺子5"素材中3秒19帧到13秒14帧之间的段落、"包饺子6"素材中3秒05帧到7秒12帧之间的段落、"包饺子7"素材中3秒19帧到7秒14帧之间的段落、"包饺子8"素材中07帧到3秒02帧之间的段落、"包饺子9"素材中1秒15帧到11秒05帧之间的段落及"包饺子10"素材中1秒23帧到2分34秒13帧之间的段落，依次添加到序列中，如图1-19所示。

图1-19　素材被添加到序列中

精剪

14．将位置标尺移动到序列的最左侧，按"L"键播放，预览粗剪的画面。在序列中第一段素材的音频上右击，在弹出的快捷菜单中选择"音频增益"命令，如图1-20所示。

15．在弹出的"音频增益"窗口中，选中"设置增益为："选项，设值为"3"，如图1-21所示。单击"确定"按钮，完成音频增益的提升。

图1-20　"音频增益"命令

图1-21　将音频增益设置为3dB

16．将时间线窗口中的位置标尺移动到33秒10帧处，此处"趁热"两个字被剪掉了。单击工具栏中的"滚动编辑工具"，如图1-22所示。鼠标变成滚动编辑工具形状后，将鼠标移动到位置标尺处的音频剪接点上，按住"Alt"键的同时向左拖曳鼠标，使音频剪接点向左移动，如图1-23所示，使声音"趁热加一些糖……"完整。

17．选中序列中"包饺子6"素材的音频，右击，在弹出的快捷菜单中选择"音频增益"命令，在"设置增益为："选项中设值为"11"，如图1-24所示。

18．单击工具栏中的"剃刀工具"，如图1-25所示，在序列中3分15秒10帧处，将最后一段素材切断，如图1-26所示。

19．单击工具栏中的"速率伸缩工具"，如图1-27所示，鼠标变成该工具形状后，将鼠标移动到倒数第二段素材的尾部，向左拖曳鼠标，将长素材缩短，如图1-28所示。调整该素材的速率，制作变速效果。

图 1-22　滚动编辑工具　　　图 1-23　调整音频剪接点的位置　　　图 1-24　调整"包饺子 6"素材的音频增益

 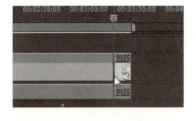

图 1-25　剃刀工具　　　图 1-26　最后一段素材被"剃刀工具"切断　　　图 1-27　速率伸缩工具

图 1-28　用"速率伸缩工具"调整素材的速度

20．单击工具栏中的"选择工具",如图 1-29 所示,将鼠标形状切换回箭头状。右击最后一段素材的画面,在弹出的快捷菜单中选择"帧定格"命令,如图 1-30 所示。在弹出的"帧定格选项"窗口中将定格位置设置成"入点",如图 1-31 所示。单击"确定"按钮,设定在入点处静帧。

图 1-29　选择工具　　　图 1-30　"帧定格"命令　　　图 1-31　将定格位置设置成"入点"

21．向左拖曳最后一段做好静帧的素材,接在变速素材的后面,如图 1-32 所示。预览剪辑好的素材,检查各个剪接点是否衔接得顺畅。浏览画面,熟悉画面的内容,为制作字幕做好准备。

图 1-32　将静帧素材和变速素材衔接好

△○ **添加字幕**

22．将序列中的位置标尺移动到 6 秒 23 帧处，如图 1-33 所示。将项目窗口中的"图层 1/星_1"图片拖曳到序列"视频 2"轨道的位置标尺之后，如图 1-34 所示。

图 1-33　位置标尺被移动到序列 6 秒 23 帧处

图 1-34　"图层 1/星_1"图片被添加到序列中

23．将鼠标放在序列中"图层 1/星_1"素材的尾部，当鼠标的形状改变后，向左拖曳鼠标，调整素材的时间长度，使素材尾部和剪接点重合，如图 1-35 所示。

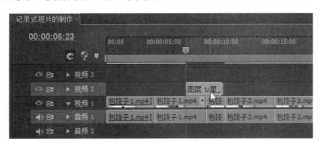

图 1-35　调整素材的时间长度

24．将位置标尺移动到序列中"图层 1/星_1"素材上，此时节目监视窗口中的画面如图 1-36 所示。选中序列中的"图层 1/星_1"素材，按组合键"Shift"+"5"，打开"特效控制台"面板，如图 1-37 所示。

图 1-36　"图层 1/星_1"素材在节目监视窗口中的画面

图 1-37　"特效控制台"面板

25. 单击"特效控制台"上"运动"参数前的小三角，展开"运动"参数组。将"位置"参数调整成"360.0，344.0"，"缩放比例"参数调整成"130.0"，如图 1-38 所示。此时的画面效果如图 1-39 所示。

图 1-38 调整"运动"参数组中的参数　　　　　图 1-39 调整参数后的画面效果

26. 选择菜单栏中的"字幕"→"新建字幕"→"默认静态字幕"命令，如图 1-40 所示。打开"新建字幕"窗口，将字幕"名称"设置为"烟"，如图 1-41 所示，单击"确定"按钮，进入编辑字幕窗口。

图 1-40 "默认静态字幕"命令　　　　　图 1-41 设置字幕的名称

27. 在字幕编辑窗口中单击监视窗，出现光标，输入"？烟"，将字体设置成"方正经黑"，字号为"60.0"，字距为"-29.0"，旋转为"43.7°"，如图 1-42 所示。将字体颜色设置成紫黑色，如图 1-43 所示。移动文字的位置，调整后，文字的样式如图 1-44 所示。

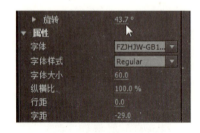

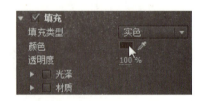

图 1-42 字体参数设置　　　　　图 1-43 设置字体的颜色

28. 关闭字幕窗口，工程窗口中出现名称为"烟"的字幕，将该字幕拖曳到序列"视频3"轨道"图层 1/星_1"素材的上方，如图 1-45 所示，调整字幕的时间长度，使字幕的持续时间与"图层 1/星_1"素材的持续时间完全相同，如图 1-46 所示。

图 1-44　设置好参数后的文字样式

图 1-45　字幕"烟"被添加到"视频 3"轨道上

图 1-46　调整字幕"烟"的持续时间

29．将序列中的位置标尺移动到 15 秒 15 帧处，如图 1-47 所示。在此位置添加字幕"喃喃自语"。

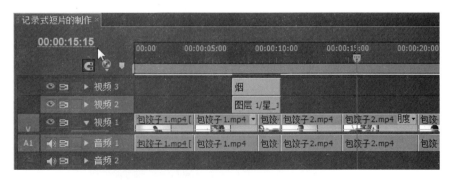

图 1-47　位置标尺被移动到 15 秒 15 帧处

30．使用之前提到的方法，新建一个字幕，将字幕命名为"线团背景 01"，如图 1-48 所示。在字幕编辑窗口中，使用"椭圆形工具"，如图 1-49 所示，绘制一个椭圆形，如图 1-50 所示。

图 1-48　将字幕命名为"线团背景 01"　　　图 1-49　工具栏中的"椭圆形工具"

图 1-50　使用"椭圆形工具"绘制的椭圆形

31．单击"描边"参数前的小三角，将参数展开。单击"外侧边"右边的"添加"选项，如图 1-51 所示，给椭圆形加边。将边的"颜色"设置成紫色，将边的"大小"设置成"3"，如图 1-52 所示。将"填充"参数中的"透明度"设置为"0%"，如图 1-53 所示。此时字幕监视窗中的画面如图 1-54 所示。

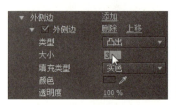

图 1-51　给椭圆形加边　　　图 1-52　设置边的颜色和大小　　　图 1-53　设置填充的透明度

图 1-54　参数设置完成后的椭圆形画面

32．保持椭圆形处于选中状态，按键盘上的"Ctrl"+"C"组合键，将椭圆形复制，按"Ctrl"+"V"组合键粘贴。用"选择工具"移动椭圆形会发现，监视窗口出现了两个椭圆形，如图1-55所示。

33．用同样的方法，多复制几个椭圆形，并调整其大小，最后合成一个线球状图案，如图1-56所示，完成"线团背景01"字幕的制作。

图1-55　字幕监视窗口中出现两个椭圆形　　　图1-56　多个椭圆形形成一个线球

34．单击项目窗口中的"线团背景01"字幕，按"Ctrl"+"C"组合键复制，按"Ctrl"+"V"组合键粘贴。项目窗口中出现两个"线团背景01"字幕，如图1-57所示。将其中的一个改为"线团背景02"字幕，如图1-58所示。

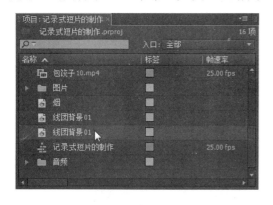 

图1-57　项目窗口中的两个"线团背景01"字幕　　　图1-58　项目窗口中的"线团背景02"字幕

35．双击"线团背景02"字幕，将字幕窗口打开。用工具栏中的"选择工具"框选所有的椭圆形，如图1-59所示。展开"描边"参数组，将"外侧边"参数中的"颜色"改为橙黄色，如图1-60所示，效果如图1-61所示。关闭字幕窗口，准备制作文字。

图1-59　框选所有的椭圆形　　　图1-60　线团颜色被改成橙黄色

图 1-61 橙黄色的线团

36．将项目窗口中的"线团背景 01"拖曳到序列中"视频 2"轨道的位置标尺之后，如图 1-62 所示。将鼠标移动到"线团背景 01"的尾部，当鼠标形状发生改变后，向左拖曳鼠标，使"线团背景 01"的尾部与剪接点重合，如图 1-63 所示。

图 1-62 "线团背景 01"被添加到序列中

图 1-63 调整"线团背景 01"的尾部，使其与剪接点重合

37．新建字幕"喃喃"。在字幕编辑窗口中输入"喃喃"两个字，将字体设置成"方正经黑"，字号设置成"70.0"，如图 1-64 所示。将填充颜色设置成"黑色"，如图 1-65 所示。

图 1-64 设置字体和字号

图 1-65 设置文字颜色

38．在"描边"参数组中，给文字加"外侧边"，并把边的大小设置成"25.0"，将颜色设置为"白色"，如图 1-66 所示。勾选"阴影"复选框，如图 1-67 所示，给文字加阴影。调整字

幕位置后，字幕样式如图 1-68 所示，关闭字幕窗口。

图 1-66 设置"描边"的样式

图 1-67 勾选"阴影"复选框

图 1-68 设置好相关属性后的字幕样式

39．将项目窗口中的字幕"喃喃"拖曳到序列中"视频 3"轨道的"线团背景 01"的上方，如图 1-69 所示。调整字幕"喃喃"的持续时间，使其与"线团背景 01"完全一致。

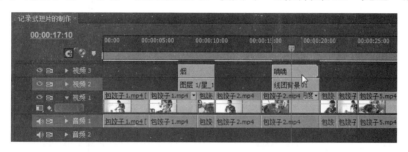

图 1-69 字幕"喃喃"被添加到"线团背景 01"的上方

40．框选序列中的"喃喃"和"线团背景 01"，如图 1-70 所示。右击，在弹出的快捷菜单中选择"嵌套"命令，如图 1-71 所示。此时序列中的"喃喃"和"线团背景 01"被嵌套在一起，如图 1-72 所示。

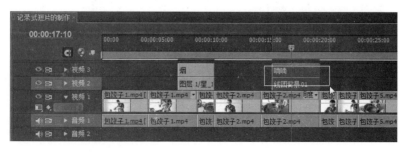

图 1-70 框选序列中的"喃喃"和"线团背景 01"

图1-71 "嵌套"命令

图1-72 "喃喃"和"线团背景01"被嵌套在"嵌套序列01"中

41. 单击两次项目窗口中的"嵌套序列01",将它重命名为"喃喃",如图1-73所示。

42. 将项目窗口中的"线团背景02"拖曳到序列中"视频2"轨道的空白位置,新建一个名称为"自语"的字幕,字幕样式如图1-74所示。

图1-73 "嵌套序列01"被重命名为"喃喃"   图1-74 "自语"的字幕样式

43. 将"自语"字幕拖曳到序列"视频3"轨道"线团背景02"的上方,如图1-75所示。

图1-75 字幕"自语"被添加到"线团背景02"的上方

44. 给"线团背景02"和"自语"字幕做"嵌套",将新的嵌套命名为"自语",如图1-76所示。

45．单击序列中的"嵌套序列 02"，按"Delete"键将其删除。然后将项目窗口中的序列"自语"拖曳到"嵌套序列 01"上，如图 1-77 所示。

图 1-76　项目窗口中的序列"自语"　　　　图 1-77　"自语"被拖曳到"嵌套序列 01"上

46．将鼠标放在"自语"的左侧，当鼠标变形后，向右拖曳 6 帧，如图 1-78 所示。将鼠标放在"自语"的右侧，当鼠标变形后，向左拖曳，使其出点与下层的"嵌套序列 01"对齐，如图 1-79 所示。

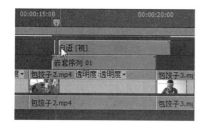

图 1-78　调整"自语"入点位置　　　　图 1-79　调整"自语"出点位置

47．将序列中的位置标尺移动到"嵌套序列 01"上，单击"嵌套序列 01"，按"Shift"+"5"组合键，打开"特效控制台"面板。单击"运动"前的小三角，如图 1-80 所示，展开"运动"参数组，将"位置"参数调整为"505.0，420.0"，"缩放比例"参数调整为"71.0"，"旋转"参数调整为"-16.0°"，如图 1-81 所示。调整后，字幕的效果如图 1-82 所示。

图 1-80　单击"运动"前的小三角　　　　图 1-81　调整"运动"参数组中的参数

图 1-82　字幕"喃喃"的画面效果

48．单击序列中的"自语"，将其选中按"Shift"+"5"组合键，打开"特效控制台"面板。单击"运动"前的小三角，展开"运动"参数组，将"位置"参数调整为"628.0，360.0"，"缩放比例"参数调整为"61.0"，"旋转"参数调整为"32.0°"，如图1-83所示。调整后，字幕的效果如图1-84所示。

图1-83　调整"运动"参数组中的参数值　　　　图1-84　字幕"自语"的画面效果

49．将项目窗口中的序列"喃喃"拖曳到序列中"视频3"轨道的上方，序列自动新建"视频4"轨道，如图1-85所示。将项目窗口中的序列"自语"拖曳到序列中的"视频4"轨道的上方，序列自动新建"视频5"轨道，如图1-86所示。

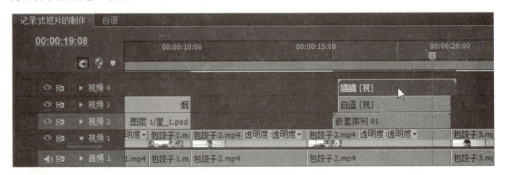

图1-85　"喃喃"被添加到"视频4"轨道上

图1-86　"自语"被添加到"视频5"轨道上

50．调整"视频4"轨道上"喃喃"和"视频5"轨道上"自语"的入、出点，使其依次出现，如图1-87所示。

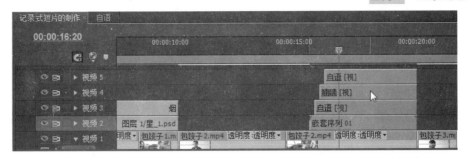

图 1-87　调整序列中字幕的入、出点

51. 单击"视频 4"轨道上的"喃喃",按"Shift"+"5"组合键,打开"特效控制台"面板,调整"运动"参数组参数,如图 1-88 所示。调整后,字幕的画面效果如图 1-89 所示。

图 1-88　调整"运动"参数组参数

图 1-89　字幕"喃喃"的调整后效果

52. 单击"视频 5"轨道上的"自语",打开"特效控制台"面板,调整"运动"参数组参数,如图 1-90 所示。调整后,字幕的画面效果如图 1-91 所示。

图 1-90　调整"运动"参数组参数

图 1-91　字幕"自语"的调整后效果

53. 将序列中的位置标尺移动到 29 秒 07 帧,如图 1-92 所示,并添加字幕"惊现广告"。

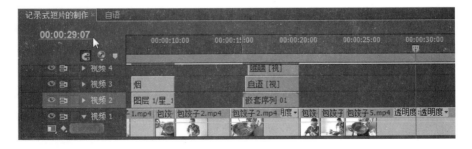

图 1-92　位置标尺被移动到 29 秒 07 帧

54．新建字幕，命名为"广告"。在字幕编辑窗口中，输入"广告"两个字。将字体设置成"方正经黑"，字号设置成"78.0"，如图 1-93 所示。将填充颜色设置成"黄色"，如图 1-94 所示。给文字加"外侧边"，将"大小"设置为"23.0"，"颜色"设置为"白色"，如图 1-95 所示。调整字幕位置，字幕最终效果如图 1-96 所示。

图 1-93　设置字体和字号

图 1-94　设置颜色

图 1-95　描边设置

图 1-96　制作好的字幕效果

55．将项目窗口中的字幕"广告"拖曳到序列"视频 2"轨道的位置标尺之后，如图 1-97 所示。

图 1-97　字幕"广告"被添加到序列中

56．将位置标尺移动到"广告"字幕上。继续新建字幕，命名为"线条"。在字幕编辑窗口面中单击"钢笔工具"，如图 1-98 所示。在字幕编辑窗口中单击一点，然后向右侧移动鼠标，再单击一点并向右拖曳，绘制出如图 1-99 所示的线条。继续单击并拖曳，绘制好的线条如图 1-100 所示。

57．在字幕编辑窗口中选中绘制的线条，将"线宽"设置成"7.0"，颜色改成"红色"，如图 1-101 所示，给线条加白色边，如图 1-102 所示。线条最终效果如图 1-103 所示。

58．将项目窗口中的字幕"线条"拖曳到序列"视频 3"轨道"广告"字幕的上方，如图 1-104 所示。

 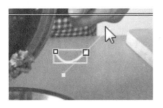 

图 1-98　钢笔工具　　　图 1-99　绘制的初始线条　　　图 1-100　绘制好的线条效果

图 1-101　设置线宽和颜色　　　　　　　图 1-102　给线条加白色边

图 1-103　线条最终效果

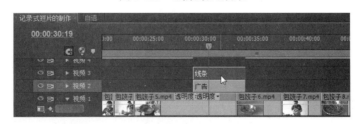

图 1-104　字幕"线条"位于"广告"字幕的上方

59．单击序列中的"线条"，打开"特效控制台"面板，调整"位置"和"缩放比例"参数，如图 1-105 所示，调整后的画面效果如图 1-106 所示。

图 1-105　"位置"和"缩放比例"参数值　　　　图 1-106　调整后的画面效果

60．将项目窗口中的字幕"线团背景 01"拖曳到序列"视频 2"轨道，"广告"字幕的后面，如图 1-107 所示。

图 1-107　字幕"线团背景 01"在序列中的位置

61．将序列中的位置标尺移动到"线团背景 01"字幕上，新建一个名称为"惊现"的字幕，打开字幕编辑窗口，输入文字"惊现"，调整文字的属性，移动文字的位置，使文字呈现图 1-108 所示效果。

图 1-108　文字"惊现"的字幕效果

62．将项目窗口中的字幕"惊现"拖曳到序列"视频 3"轨道"线团背景 01"字幕的上方，如图 1-109 所示。

图 1-109　字幕"惊现"在序列中的位置

63. 框选序列中的"惊现"和"线团背景 01",右击,在弹出的快捷菜单中选择"嵌套"命令,组成嵌套序列,如图 1-110 所示。

图 1-110　序列中的"嵌套序列 03"

64. 将序列中的"嵌套序列 03"拖曳到"视频 4"轨道字幕"线条"的上方,如图 1-111 所示。

图 1-111　"嵌套序列 03"被拖曳到"视频 4"轨道字幕"线条"的上方

65. 将序列中的位置标尺移动到"嵌套序列 03"上。单击"嵌套序列 03",打开"特效控制台"面板,调整"位置"、"缩放比例"和"旋转"参数,如图 1-112 所示。调整后的画面效果如图 1-113 所示。

图 1-112　调整"运动"参数组参数　　　　图 1-113　调整后的画面效果

△○　**添加音效**

66. 双击项目窗口"音频"文件夹中的"喜剧音效 01",将其添加到素材监视窗口。在 14 秒 22 帧处打入点,在 18 秒 24 帧处打出点,如图 1-114 所示。用鼠标拖曳"仅拖动音频"按钮(如图 1-115 所示),将入、出点之间的音频拖曳到序列"音频 2"轨道"烟"字幕的下方,如图 1-116 所示。

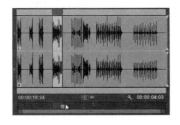 

图 1-114　用入、出点限定一段音频　　　　图 1-115　"仅拖动音频"按钮

图 1-116 给字幕"烟"加音效

67. 双击项目窗口"音频"文件夹中的"喜剧音效 02",将其添加到素材监视窗口。在 25 秒 09 帧处打入点,在 30 秒 14 帧处打出点,如图 1-117 所示。用鼠标拖曳"仅拖动音频"按钮,将入、出点之间的音频拖曳到序列"音频 2"轨道"广告"字幕的下方,如图 1-118 所示。

图 1-117 用入、出点限定一段音频

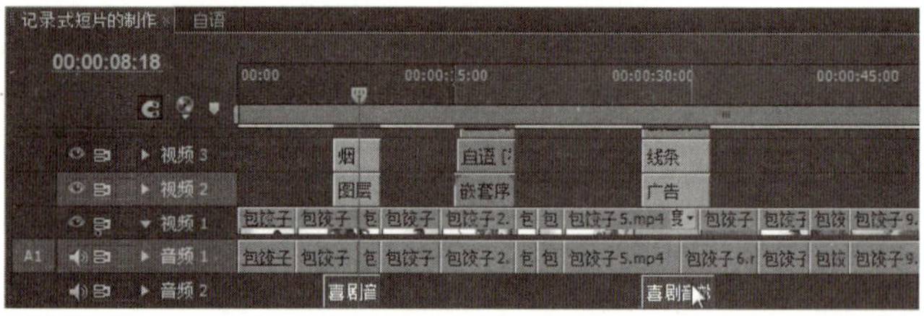

图 1-118 给字幕"广告"加音效

68. 单击素材监视窗标题栏上的"调音台:记录式短片的制作"栏,切换到调音台界面,如图 1-119 所示。将"音频 2"轨道的推子,向下拉动,从而降低"音频 2"轨道的音频电平,如图 1-120 所示。

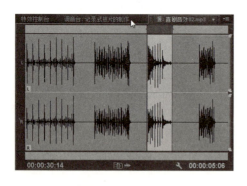

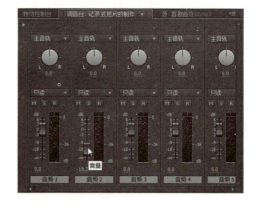

图 1-119 "调音台:记录式短片的制作"栏

图 1-120 向下拉动"音频 2"轨道的推子

69. 将位置标尺移动到序列最左端,按键盘上的"空格"键播放序列,预览画面,完成本任务的制作。

举 一 反 三

1. 利用本任务素材，制作图 1-121 所示的字幕效果。

图 1-121 字幕 "趁热"效果

2. 利用本任务素材，制作图 1-122 所示的字幕效果。

图 1-122 字幕 "最复杂包法"效果

3. 讨论一下，怎样做才能使画面、声音和字幕完美结合，提升影片的观赏性呢？

任务二
商业广告片的制作

任务说明

本任务是制作一个木门广告片，包括 6 段视频、3 个遮罩、1 段音频、1 个转场图片。广告片的制作，形式上要保证画面精美、剪接流畅，给观众留下深刻的印象；内容上要抓住产品的关键环节，起到宣传品牌、推广产品的作用。

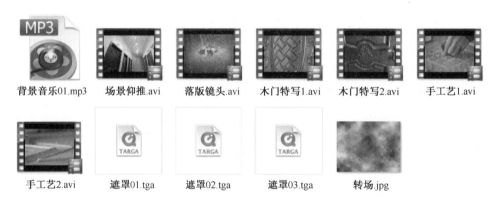

本任务素材

本任务素材位置：商业广告片的制作\素材。

制作思路剖析

这是一个重在展现产品制作工艺的商业广告片。任务的每个素材都和门有关。为了让画面信息充分展现且衔接流畅,镜头的组接节奏变得尤为重要。本任务表现制作工艺的镜头并不多,单调地重复使用镜头会让观众感到乏味。因此,这里改用遮罩的方式,限定区域,进行画面合成,达到丰富画面、传达产品信息的效果。

具体制作本任务时,首先添加音频。根据音频的节奏,确定好视频剪接点。为了让画面和音乐节奏完全匹配,需要对剪接点处做精修,然后给后几个镜头做轨道遮罩,遮罩的衔接处也要与音乐的节奏匹配,最后是加上落版的字幕,完成广告片的制作。

△○ 制作流程图

流程1 新建序列

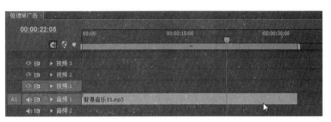

流程2 添加音频

流程3 视频粗剪

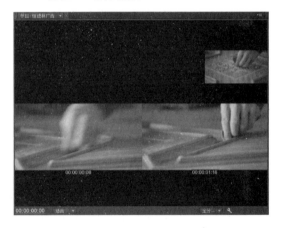

流程4 镜头精修

流程5 轨道遮罩的应用

流程6 做视频嵌套

流程7 添加转场

流程8 制作落版镜头

技术要点

- 镜头的剪辑
- 音频的添加
- "轨道遮罩键"的应用
- "照明效果"的应用
- "交叉叠化"转场的应用
- "变速"工具的应用
- 关键帧动画的应用
- "渐变擦除"效果的应用
- 音频淡出效果的制作

重要知识点解析

轨道遮罩键

轨道遮罩键是一种"键控"特效,位于"视频特效"的"键控"文件夹内,如知识点解析1所示。该特效可以使上下两层的视频素材同时在一个画面中显示。轨道遮罩键的具体实现方式是使用一个文件作为蒙版,在素材上创建透明区域,从而显示部分背景素材,让素材和背景素材进行合成。这种遮罩效果通常需要三层,即需要两个素材片段和一个蒙版层,如知识点解析2所示。

知识点解析1　轨道遮罩键　　　　　　知识点解析2　轨道遮罩键通常由三层轨道构成

轨道遮罩键在合成时用亮度来定义透明区域。蒙版中的白色区域决定素材的不透明区域,如知识点解析3所示;蒙版中的黑色区域决定素材的透明区域,即背景素材的显示区域;而蒙版中的灰色区域则决定合成图像的半透明过渡区域。

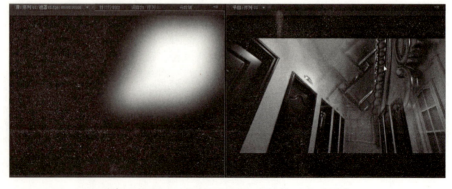

知识点解析3　白色区域决定素材的不透明区域

一个蒙版如果包含了动画，则被称为动态蒙版。其通常由动态视频素材或施加了动画效果的静态图片组成。

渐变擦除

渐变擦除在"视频切换"的"擦除"文件夹内，如知识点解析 4 所示。它是一种可以自定义的转场方式。该转场方式利用静态图片的色阶变化，生成渐变擦除的动态转场效果。

在效果面板中，找到"渐变擦除"特效，将其拖曳到素材的剪接点处，此时会弹出"渐变擦除设置"窗口，如知识点解析 5 所示。单击"选择图像"按钮，在硬盘中选择所要拾取的图片文件，拖曳"柔和度"滑块可以调整擦除的柔和度。设置完后，软件会根据拾取图片的色阶变化自动生成渐变擦除的动态转场效果。

知识点解析 4　"视频切换"中的"渐变擦除"特效

知识点解析 5　"渐变擦除设置"对话框

操作步骤

新建序列

1. 启动 Premiere Pro CS6 软件，单击"新建项目"按钮，在"新建项目"窗口中创建名称为"广告片制作"的项目文件，如图 2-1 所示。单击"确定"按钮，进入"新建序列"窗口。

2. 在"新建序列"窗口的"序列预设"栏里，选择"DV-PAL"中的"标准 48 kHz"，如图 2-2 所示。在"新建序列"窗口下方的"序列名称"处输入"恒德林广告"，如图 2-3 所示，单击"确定"按钮，进入编辑界面。

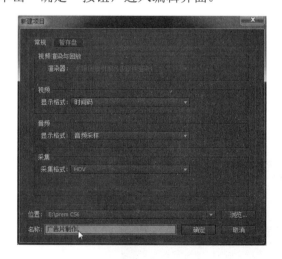

图 2-1　在"新建项目"窗口中设置项目名称

图 2-2　设置项目的格式

图2-3 将序列命名为"恒德林广告"

3. 在"项目：广告片制作"窗口的空白位置双击，打开导入窗口，在"商业广告片的制作\素材"中，单击任意一个素材，按"Ctrl"+"A"组合键选中所有的素材，如图2-4所示，单击"打开"按钮，将所有素材导入。

4. 导入素材后的项目窗口如图2-5所示。这些素材包括6段视频、4张图片、1段音频。在制作广告片之前要浏览一遍素材，熟悉画面的内容和背景音乐的风格。

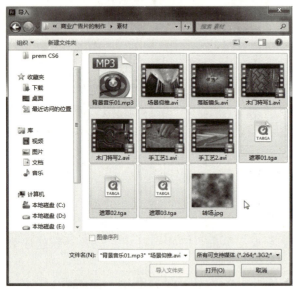

图2-4 选中所有素材

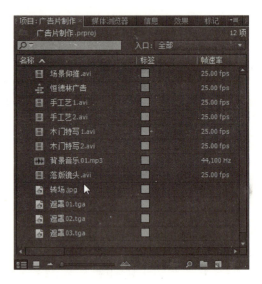

图2-5 导入素材后的项目窗口

添加音频

5. 双击项目窗口中的"背景音乐01"素材，将素材添加到素材监视窗。在英文输入状态下，按键盘上的"L"键播放，听一遍音乐的内容。本段音乐不需要截取，将鼠标放在素材监视窗下方的"仅拖动音频"按钮上，如图2-6所示。将整段音频拖曳到序列"恒德林广告"的"音频1"轨道上，在英文输入状态下，按键盘上的"\"键，调整显示比例，如图2-7所示。

图2-6 素材监视窗下方的"仅拖动音频"按钮

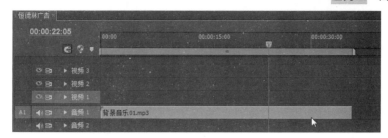

图 2-7　序列中的背景音乐素材

视频粗剪

6．将位置标尺移到序列的最左边。在项目窗口中双击"手工艺 2"素材，将素材添加到素材监视窗。按"L"键播放，在第 8 帧处按"I"键打入点，如图 2-8 所示。按"L"键继续播放，在 1 秒 18 帧处按"O"键打出点，如图 2-9 所示。

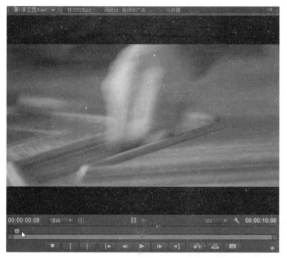

图 2-8　在第 8 帧处按"I"键打入点　　　　图 2-9　在 1 秒 18 帧处按"O"键打出点

7．将鼠标放在素材监视窗下方的"仅拖动视频"按钮上，如图 2-10 所示。将入、出点之间的视频拖曳到序列"视频 1"轨道的开头，如图 2-11 所示。

图 2-10　"仅拖动视频"按钮

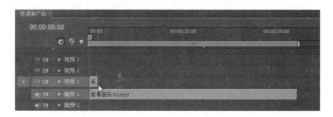

图 2-11　"手工艺 2"镜头被添加到序列中

8. 移动序列中的位置标尺,将位置标尺定位在第一个素材的结尾,即序列的 1 秒 11 帧处,如图 2-12 所示。在该点之后添加第二个镜头。

图 2-12　位置标尺被移动到序列的 1 秒 11 帧处

9. 在项目窗口中双击"手工艺 1"素材,将其添加到素材监视窗。按"L"键播放,在 13 帧处按"I"键打入点,按"L"键继续播放,在 2 秒 04 帧处按"O"键打出点,如图 2-13 所示。

图 2-13　在素材监视窗中用入、出点限定一段镜头

10. 将鼠标放在素材监视窗下方的"仅拖动视频"按钮上,将入、出点之间的视频拖曳到序列的位置标尺之后,如图 2-14 所示。

图 2-14　素材被添加到位置标尺之后

11. 按"L"键播放序列中的镜头,预览编辑好的两个镜头画面。将序列中的位置标尺移动到第二个素材的结尾,即序列中的 3 秒 03 帧处,如图 2-15 所示。在该点之后添加第三个镜头。

图 2-15　序列位置标尺被移动到第二个素材的结尾

12．在项目窗口中双击"手工艺 2"素材，将其添加到素材监视窗。按"L"键播放，在 5 秒 06 帧处按"I"键打入点，在 7 秒 03 帧处按"O"键打出点，如图 2-16 所示。

图 2-16　用入、出点限定另一段素材

13．将鼠标放在素材监视窗下方的"仅拖动视频"按钮上，将入、出点之间的视频拖曳到序列的位置标尺之后，如图 2-17 所示。

图 2-17　第三段素材被添加到序列中

14．按"L"键播放序列中的镜头，预览编辑好的画面，将位置标尺移动到 5 秒 01 帧处，如图 2-18 所示。在该点之后添加第四个镜头。

图 2-18　位置标尺被移动到序列的 5 秒 01 帧处

15. 在项目窗口中双击"木门特写 1"素材，将其添加到素材监视窗。按"L"键播放，在 2 秒 22 帧处按"I"键打入点，如图 2-19 所示。

图 2-19　在素材的 2 秒 22 帧处按"I"键打入点

16. 将鼠标放在素材监视窗下方的"仅拖动视频"按钮上，将入点之后的视频拖曳到序列的位置标尺之后，如图 2-20 所示。

图 2-20　"木门特写 1"镜头被添加到序列的位置标尺之后

17. 按"L"键播放序列中的镜头，预览编辑好的画面，听音乐的节奏，在 9 秒 11 帧处按"I"键打入点，如图 2-21 所示。在该点之后添加"木门特写 2"镜头。

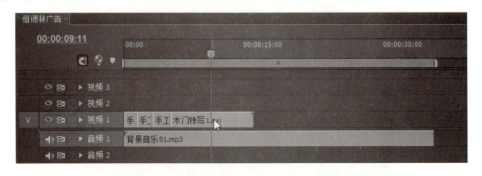

图 2-21　在序列的 9 秒 11 帧处按"I"键打入点

18. 在项目窗口中双击"木门特写2"素材，将素材添加到素材监视窗。按"L"键播放，在3秒05帧处按"I"键打入点，如图2-22所示。

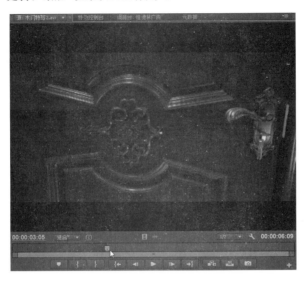

图2-22 在素材的3秒05帧处按"I"键打入点

19. 将鼠标放在素材监视窗下方的"仅拖动视频"按钮上，将入点之后的视频拖曳到序列入点之后，如图2-23所示。

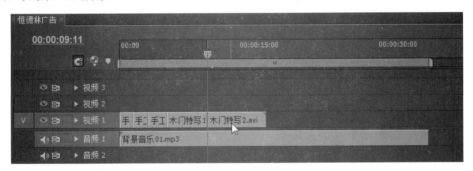

图2-23 "木门特写2"镜头被添加到序列入点之后

20. 按"L"键播放序列中的镜头，预览编辑好的画面，听音乐的节奏，在序列的13秒12帧处按"I"键打入点，如图2-24所示。在入点之后添加"场景仰推"镜头。

图2-24 在序列的13秒12帧处按"I"键打入点

21. 在项目窗口中双击"场景仰推"素材,将素材添加到素材监视窗。按"L"键播放,在 3 秒 16 帧处按"I"键打入点,如图 2-25 所示。

图 2-25　在素材的 3 秒 16 帧处按"I"键打入点

22. 将鼠标放在素材监视窗下方的"仅拖动视频"按钮上,将入点之后的视频拖曳到序列入点之后,如图 2-26 所示。

图 2-26　"场景仰推"素材被添加到位置标尺之后

23. 按"L"键播放序列中的镜头,将位置标尺定位在序列的 24 秒 12 帧处,按"I"键打入点,如图 2-27 所示。在入点之后添加"落版镜头"。

图 2-27　位置标尺被移动到序列 24 秒 12 帧处

24. 在项目窗口中双击"落版镜头"素材，将素材添加到素材监视窗。按"L"键播放，在 1 秒 07 帧处按"I"键打入点，如图 2-28 所示。

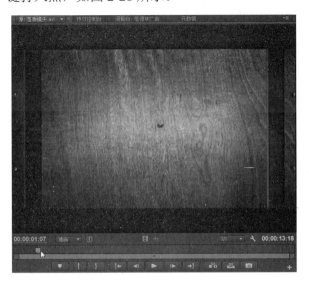

图 2-28　在 1 秒 07 帧处按"I"键打入点

25. 将鼠标放在素材监视窗下方的"仅拖动视频"按钮上，将入点之后的视频拖曳到序列入点之后，如图 2-29 所示，完成视频素材的粗剪。

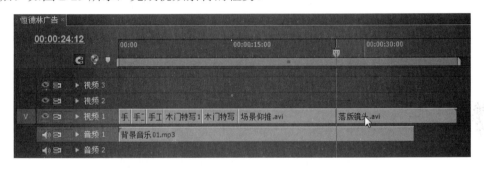

图 2-29　粗剪完成的序列

视频精修

26. 按"L"键播放序列中的镜头，看粗剪的剪接点是否准确，是否能和音频的节奏匹配。如果不匹配，则要精确地调整剪接点的位置。单击工具栏中的"滚动编辑工具"，如图 2-30 所示。将变成滚动编辑工具形状的鼠标移动到第一个剪接点处，如图 2-31 所示。

图 2-30　工具栏中的"滚动编辑工具"　　　　图 2-31　将鼠标移动到第一个剪接点处

27. 单击第一个剪接点，并轻微拖曳，此时节目监视窗变成左右两个画面，如图 2-32 所示。左侧画面是剪接点左侧素材的尾帧，右侧画面是剪接点右侧素材的首帧。轻微地向右拖曳 3 帧，拖曳的帧数在监视窗左下角显示，如图 2-33 所示。拖曳完松开鼠标，完成剪接点的调整。

图 2-32　节目监视窗变成左右两个画面　　　　图 2-33　时间码提示向右拖曳 3 帧

28．单击工具栏中的"错落工具",如图 2-34 所示,将变成错落工具形状的鼠标移动到第一个素材上,如图 2-35 所示。

图 2-34　工具栏中的"错落工具"　　　　图 2-35　将鼠标放在第一个素材上

29．单击第一个素材,并轻微拖曳,此时节目监视窗变成左右两个大画面和右上角一个小画面,如图 2-36 所示。左侧大画面是该素材首帧的画面,右侧大画面是该素材尾帧的画面。轻微地向左拖曳 3 帧,让动作和音乐节奏相匹配,拖曳的帧数在监视窗左下角显示,如图 2-37 所示。拖曳完松开鼠标,单击工具栏中的"选择工具",如图 2-38 所示,完成素材的调整。

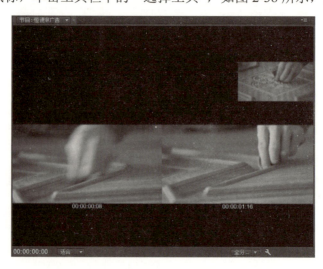

图 2-36　使用"错落工具"时的监视窗画面

30．用同样的方法对每个剪接点、每个镜头做精细的调整,效果如图 2-39 所示,完成素材的精修。

图 2-37　时间码提示向左拖曳 3 帧

图 2-38　工具栏中的"选择工具"

图 2-39　精细调整后的序列

照明效果的应用

31．单击项目窗口左边的"效果"栏，如图 2-40 所示。打开"效果"面板，在搜索栏中输入"照明"，找到"视频特效"→"调整"文件夹下的"照明效果"特效，如图 2-41 所示。

图 2-40　项目窗口左边的"效果"栏

图 2-41　"调整"文件夹下的"照明效果"特效

32．将"照明效果"特效拖曳到序列中的"木门特效 1"镜头上，按"Shift"+"5"组合键，打开"特效控制台"面板，如图 2-42 所示。

33．将"特效控制台"中的位置标尺移动到最左侧，单击"光照 1"参数前的小三角，如图 2-43 所示，展开"光照 1"的参数，如图 2-44 所示。

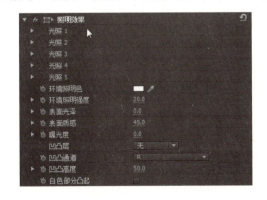
图 2-42　"照明效果"的特效参数

图 2-43　"光照 1"参数前的小三角

图 2-44 展开的"光照 1"的参数

34．将"灯光类型"设置成"点光源","照明颜色"设置成"棕色","中心"设置为"699.0, 357.0",如图 2-45 所示。

图 2-45 "光照 1"的参数设置

35．单击"主要半径"和"次要半径"前的"切换动画"开关,如图 2-46 所示。在位置标尺处自动新建关键帧,如图 2-47 所示。

图 2-46 "切换动画"开关　　　　　　图 2-47 在位置标尺处自动新建关键帧

36．将"主要半径"的关键帧参数调整成"39.0","次要半径"的关键帧参数调整成"16.0",如图 2-48 所示。

图 2-48 调整"主要半径"和"次要半径"的关键帧参数

37．将"特效控制台"中的位置标尺向右移动到接近结尾处,如图 2-49 所示,单击"主要半径"和"次要半径"参数的"添加/移除关键帧"按钮,如图 2-50 所示。在位置标尺处新建关键帧,如图 2-51 所示。

图 2-49　将位置标尺向右移动到接近结尾处　　　图 2-50　"添加/移除关键帧"按钮

图 2-51　在位置标尺处新建关键帧

38．将该处"主要半径"的关键帧参数调整为"71.0"，"次要半径"的关键帧参数调整为"56"，如图 2-52 所示。

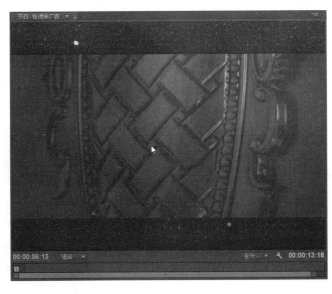

图 2-52　"主要半径"和"次要半径"的关键帧参数

39．将位置标尺移动到"木门特效 1"镜头的左边，按"L"键播放，预览画面的效果，可以看到画面上有明显的光扫过，如图 2-53 所示，从而增加了该镜头的节奏感。

图 2-53　画面有明显的光扫过

△○ 制作遮罩画面

40．将序列中的位置标尺移动到 15 秒 06 帧处，如图 2-54 所示。

图 2-54　将位置标尺移动到 15 秒 06 帧

41．在项目窗口中双击"手工艺 1"素材，将素材添加到素材监视窗。按"L"键播放，在 5 秒 08 帧处按"I"键打入点，然后在 7 秒 16 帧处按"O"键打出点，如图 2-55 所示。

图 2-55　用入、出点限定一段素材

42．将鼠标放在素材监视窗下方的"仅拖动视频"按钮上，将入、出点之间的视频拖曳到"视频 2"轨道的位置标尺之后，如图 2-56 所示。

图 2-56　"手工艺 1"素材被拖曳到"视频 2"轨道的位置标尺之后

43．将项目窗口中的"遮罩01"素材拖曳到"视频3"轨道的位置标尺之后，如图2-57所示。将鼠标放在素材的尾部，当鼠标变形后向左拖曳鼠标，使"遮罩01"素材和"视频2"轨道上的"手工艺1"素材的持续时间相同，如图2-58所示。

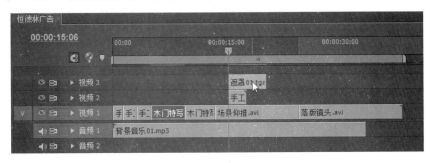

图2-57　"遮罩01"素材被拖曳到"视频3"轨道的位置标尺之后

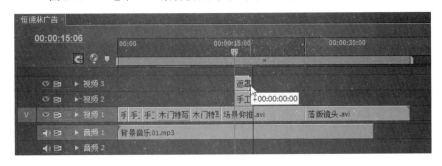

图2-58　"遮罩01"素材和"手工艺1"素材的持续时间相同

44．打开"效果"面板，在搜索栏中输入"轨道遮罩"，找到"视频特效"→"键控"文件夹下的"轨道遮罩键"特效，如图2-59所示。

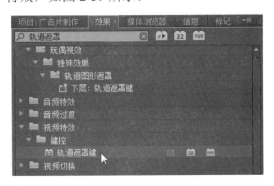

图2-59　"键控"文件夹下的"轨道遮罩键"特效

45．将"轨道遮罩键"特效拖曳到"视频2"轨道的"手工艺1"素材上，打开"特效控制台"面板，如图2-60所示。

图2-60　"轨道遮罩键"特效内的参数

46．将"遮罩"下拉菜单调整成"视频 3"，将"合成方式"调整成"Luma 遮罩"，如图 2-61 所示。此时完成第一个遮罩画面的制作，如图 2-62 所示。

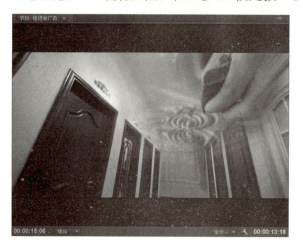

图 2-61　"轨道遮罩键"特效的参数设置

47．在项目窗口中双击"手工艺 2"素材，将其添加到素材监视窗。按"L"键播放，在 07 帧处按"I"键打入点，在 3 秒 05 帧处按"O"键打出点，如图 2-63 所示。

图 2-62　第一个遮罩画面的效果　　　　图 2-63　用入、出点限定一段素材

48．将鼠标放在素材监视窗下方的"仅拖动视频"按钮上，将入、出点之间的视频拖曳到"视频 2"轨道"手工艺 1"素材之后，如图 2-64 所示。

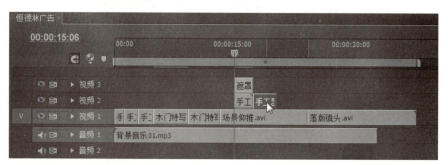

图 2-64　"手工艺 2"素材被添加到"视频 2"轨道"手工 1"素材之后

49．将项目窗口中的"遮罩 02"素材拖曳到"视频 3"轨道"遮罩 01"素材之后，如图 2-65 所示。当鼠标在素材的尾部变形后向左拖曳鼠标，调整"遮罩 02"素材的持续时间，使它的时间与"手工艺 2"相同，如图 2-66 所示。

50．打开"效果"面板，将"轨道遮罩键"特效拖曳到"视频 2"轨道的"手工艺 2"素材上，打开"特效控制台"面板，将"遮罩"下拉菜单调整为"视频 3"，将"合成方式"调整为"Luma 遮罩"，如图 2-67 所示。

图 2-65　"遮罩 02"素材被添加到"视频 3"轨道"遮罩 01"素材之后

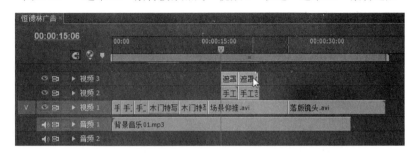

图 2-66　调整"遮罩 02"素材的持续时间

图 2-67　"轨道遮罩键"特效的参数设置

51．调整后的节目监视窗画面如图 2-68 所示，但画面还需要做进一步的调整。

图 2-68　调整完"轨道遮罩键"特效参数后的画面

52．单击"视频 2"轨道上的"手工艺 2"素材，打开"特效控制台"面板，展开"运动"参数组，如图 2-69 所示。

53. 将"位置"参数调整为"248.0,350.0","缩放比例"参数调整为"70.0",如图 2-70 所示,此时完成第二个遮罩画面的制作,如图 2-71 所示。

图 2-69　"运动"参数组参数默认设置　　　　图 2-70　"运动"参数组参数设置

图 2-71　第二个遮罩的画面效果

54. 在项目窗口中双击"木门特写 2"素材,将其添加到素材监视窗。按"L"键播放,在 3 秒 19 帧处按"I"键打入点,在 7 秒 11 帧处按"O"键打出点,如图 2-72 所示。

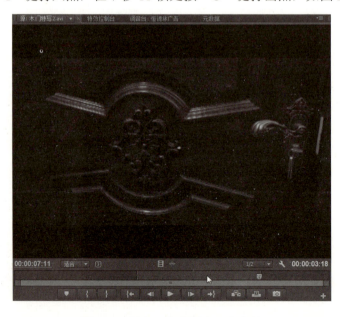

图 2-72　用入、出点限定一段素材

55．将鼠标放在素材监视窗下方的"仅拖动视频"按钮上，将入、出点之间的视频拖曳到"视频 2"轨道"手工艺 2"素材之后，如图 2-73 所示。

图 2-73 "木门特写 2"素材被添加到"视频 2"轨道"手工艺 2"素材之后

56．将项目窗口中的"遮罩 03"素材拖曳到"视频 3"轨道"遮罩 02"素材之后，如图 2-74 所示。将鼠标放在素材的尾部，当鼠标变形后向左拖曳鼠标，调整"遮罩 03"素材的持续时间，使它的持续时间与"木门特写 2"相同，如图 2-75 所示。

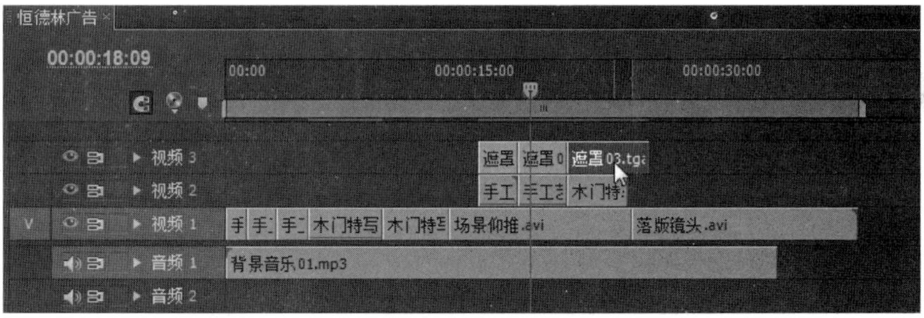

图 2-74 "遮罩 03"素材被添加到"视频 3"轨道"遮罩 02"素材之后

图 2-75 调整"遮罩 03"素材的持续时间

57．打开"效果"面板，将"轨道遮罩键"特效拖曳到"视频 2"轨道的"木门特写 2"素材上。打开"特效控制台"面板，将"遮罩"下拉菜单调整为"视频 3"，将"合成方式"调整为"Luma 遮罩"，如图 2-76 所示。

图 2-76 "轨道遮罩键"特效的参数设置

58．调整后的节目监视窗画面如图 2-77 所示。

图 2-77　调整后的节目监视窗画面

59．单击"视频 2"轨道的"木门特写 2"素材，打开"特效控制台"面板，展开"运动"参数组，将"位置"参数调整为"491.0，237.0"，"缩放比例"参数调整为"97.0"，如图 2-78 所示，调整后的效果如图 2-79 所示。

图 2-78　调整"木门特写 2"素材的"运动"参数组参数

图 2-79　调整完"运动"参数组参数后的画面

60．单击"视频3"轨道上的"遮罩03"素材，打开"特效控制台"面板，展开"运动"参数组，将"位置"参数调整为"323.0，288.0"，"缩放比例"参数调整为"76.0"，如图2-80所示，此时完成第三个遮罩画面的制作，如图2-81所示。

图2-80　调整"遮罩03"素材的参数

图2-81　第三个遮罩画面的效果

添加转场

61．选中序列中的"手工艺1"素材和"遮罩01"素材，右击，在弹出的快捷菜单中选择"嵌套"命令，如图2-82所示，序列中的"手工艺1"素材和"遮罩01"素材合并成"嵌套序列01"，如图2-83所示。

图2-82　"嵌套"命令

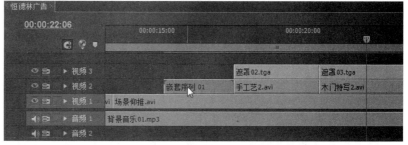

图2-83　序列中的"嵌套序列01"

62．用同样的方法，将"手工艺2"素材和"遮罩02"素材合并成"嵌套序列02"，将"手工艺3"素材和"遮罩03"素材合并成"嵌套序列03"，如图2-84所示。

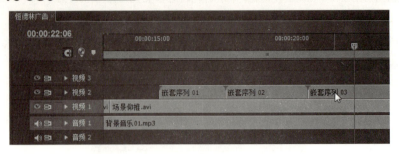

图 2-84　合并后的序列画面

63．打开"效果"面板，在搜索栏中输入"叠化"，找到"视频切换"→"叠化"文件夹中的"交叉叠化（标准）"特效，如图 2-85 所示。

图 2-85　"叠化"文件夹中的"交叉叠化（标准）"特效

64．将"交叉叠化（标准）"特效分别拖曳到第三个、第四个、第五个剪接点处，如图 2-86 所示。

图 2-86　给序列中的剪接点添加转场

65．将"交叉叠化（标准）"特效分别拖曳到"嵌套序列 01"的开头、"嵌套序列 01"和"嵌套序列 02"的衔接处、"嵌套序列 02"和"嵌套序列 03"的衔接处，在添加"交叉叠化（标准）"特效转场时，出现"切换过渡"提示框，如图 2-87 所示，单击提示框中的"确定"按钮即可。添加完转场的序列如图 2-88 所示。

66．打开"效果"面板，在搜索栏中输入"渐变擦除"，找到"视频切换"→"擦除"文件夹中的"渐变擦除"特效，如图 2-89 所示。

67．将"落版镜头"拖曳到"视频 2"轨道上，接在"嵌套序列 03"镜头之后，如图 2-90 所示。

图 2-87 "切换过渡"提示框　　　　图 2-88 给"嵌套序列"添加转场

图 2-89 "擦除"文件夹中的"渐变擦除"特效

图 2-90 将"落版镜头"拖曳到"视频 2"轨道上

68．将"渐变擦除"特效拖曳到"嵌套序列 03"和"落版镜头"之间，弹出"渐变擦除设置"窗口，如图 2-91 所示。单击"选择图像"按钮，在弹出的"打开"窗口中，选择本例中的"转场"图片，如图 2-92 所示。单击"打开"按钮，回到"渐变擦除设置"窗口，单击"确定"按钮，完成转场设置。

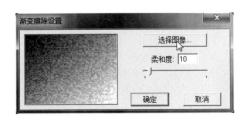

图 2-91 "渐变擦除设置"窗口　　　　图 2-92 选择"转场"图片

结尾画面的制作

69. 在"落版镜头"上移动位置标尺，找到字幕完全出现后的一点停下来，单击工具栏中的"剃刀工具"，如图 2-93 所示。单击序列中"落版镜头"的位置标尺处，将"落版镜头"切断，如图 2-94 所示。

图 2-93　工具栏中的"剃刀工具"　　　　　图 2-94　"落版镜头"被切断

70. 单击工具栏中的"速率伸缩工具"，如图 2-95 所示。将鼠标移动到"落版镜头"前一段的尾部，向左拖曳鼠标，将镜头时间变短，速度加快，如图 2-96 所示。之后，单击工具栏中箭头形状的"选择工具"。

图 2-95　工具栏中的"速率伸缩工具"　　　　图 2-96　加快"落版镜头"前半部分的速度

71. 将"落版镜头"后一段向前拖曳，接在前一段素材之后，如图 2-97 所示。

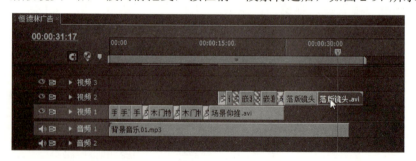

图 2-97　将"落版镜头"两部分接在一起

72. 单击"音频 1"轨道上的小三角，如图 2-98 所示，展开轨道，素材上出现一条黄色的横线，如图 2-99 所示，它是控制声音音量的。

图 2-98　"音频 1"轨道上的小三角

图 2-99　音频素材上出现一条黄色的横线

73．在按住"Ctrl"键的同时，用鼠标在音频素材接近结尾的黄色横线上单击，增加一个控制点，如图 2-100 所示。

图 2-100　在黄色横线上增加一个控制点

74．单击音频素材结尾处的黄色横线，再增加一个控制点，如图 2-101 所示。松开"Ctrl"键，用鼠标将后一个控制点向下拖曳，让声音音量越来越小，如图 2-102 所示，完成本任务的制作。

图 2-101　在黄色横线上再增加一个控制点

图 2-102　用鼠标将后一个控制点向下拖曳，降低音量

举 一 反 三

1．利用本任务素材及图 2-103 所示的"作业素材"文件夹中的素材制作图 2-104 所示的

画面效果。

图 2-103 "作业素材"文件夹中的素材　　　图 2-104 制作好的画面效果

2．选中序列中的素材，右击，在弹出的快捷菜单中选择"嵌套"命令，可将选中的素材合并成一个素材。思考这种方式有什么好处，以及在制作时有哪些应用。

3．在制作时，怎么去控制画面的节奏？影像节奏的因素有哪些？怎么让镜头组接时保持画面连贯？

4．自己找几张图片，使用"渐变擦除"特效，设计几种个性化的转场方式。

任务三
个人音乐 MV 的制作

任务说明

本任务是设计制作个人音乐 MV，包括 3 段视频文件、1 个背景音频。本任务要求依据音乐的节奏，美化素材，并进行必要的修饰和加工，制作出能够体现个人独特风格的音乐视频画面。

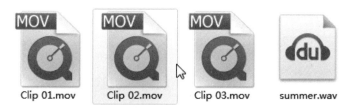

本任务素材

本任务素材位置：个人音乐 MV 制作\素材。

制作思路剖析

本任务的素材只有 3 个镜头，每个镜头的画面质量一般，素材的质量不高，数量也不充足。在这种情况下去制作个人音乐 MV，一定要用颜色调整，本任务使用"RGB 曲线"特效作为颜色的工具，主要调整画面的亮度分布和色彩。调整完颜色以后就要设计画面的布局和运动方案，用画面布局和画面内元素的运动来营造画面节奏感，使之与音乐节奏匹配，从而给观众以美的体验。画面的布局采用画中画的形式，为了增加画面的反差，突出主体，降低了背景画面亮度；为了美化画面，移动了背景的位置。运动方案，这里主要体现在字幕的运动上，让字幕有层次地运动进入画面，并用亮线做点缀和修饰，最后完成本任务的制作。

制作流程图

流程1　新建项目

流程2　宽高比为16∶9的序列

流程3　导入素材

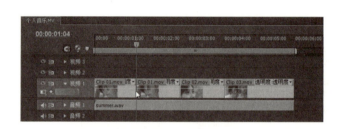

流程4　根据音乐剪辑素材

流程5　调整颜色

流程6　制作画中画

流程7　添加字幕

流程8　设置画面整体动作

技术要点

- 字幕的制作
- 关键帧动画的设置
- 画中画的制作
- 用"RGB 曲线"特效调整颜色
- "裁剪"特效的应用
- "基本 3D"功能的应用
- 序列的嵌套

重要知识点解析

关键帧动画的设置

数字动画时代，动画的制作需要在对象阶段运动的端点设置关键帧，即关键的节点，节点间参数的差异，会在节点之间自动生成连续的动画，即关键帧动画。

关键帧动画的设置分为两步：一是打开指定参数的"切换动画"开关，二是在合适位置设置关键帧参数。这里以"运动"参数组中的"位置"参数为例，演示具体的关键帧动画的设置过程。

将一个素材添加到序列的视频轨道中，选中素材，并将位置标尺移动到素材上，如知识点解析 1 所示，从而保证"节目监视窗"中显示当前素材的画面。

知识点解析 1　素材被选中后位置标尺在素材上

打开"源素材窗口"右侧的"特效控制台"面板（或按键盘上的"Shift"+"5"组合键），如知识点解析 2 所示，打开"特效控制台"面板，其中默认的参数组如知识点解析 3 所示。

知识点解析 2　"特效控制台"面板　　　　知识点解析 3　"特效控制台"面板中的默认参数组

单击"运动"参数组前的小三角，展开"运动"参数组的参数，如知识点解析 4 所示。单击"位置"参数左侧的"切换动画"开关,如知识点解析 5 所示,进入"位置"参数的动画设置状态,则会在位置标尺处自动新建一个关键帧,如知识点解析 6 所示。

知识点解析 4 "运动"参数组中的参数

知识点解析 5 "切换动画"开关

知识点解析 6 在位置标尺处自动新建一个关键帧

移动或改变位置标尺的位置就是改变时间点。单击"添加/移除关键帧"按钮,如知识点解析 7 所示,在位置标尺处新建关键帧,调整"位置"参数值,如知识点解析 8 所示。

知识点解析 7 "添加/移除关键帧"按钮

知识点解析 8 调整"位置"参数值

如果两个关键帧参数值不同,就会在关键帧之间自动生成连续的位置变化画面,如知识点解析 9 所示。

知识点解析 9 关键帧之间自动生成连续的位置变化画面

"RGB 曲线"特效

"RGB 曲线"特效在"视频特效"的"色彩校正"文件夹中,如知识点解析 10 所示。该特效可以对视频素材片段的整个色调范围或选中的某个范围进行调节,既可以调节画面的亮度，又可以调节画面的色彩。

将"RGB 曲线"特效拖曳到素材上，打开"效果控制台"面板，"RGB 曲线"特效的参数如知识点解析 11 所示。4 个曲线图是"RGB 曲线"特效的主要调节参数，在曲线图中，斜线的右上角控制画面的亮部，左下角控制画面的暗部，中间控制画面的中灰度区域。每个曲线图中的斜线最多可以增加 16 个控制点，通过控制点可以对画面的整个色彩范围进行调节。

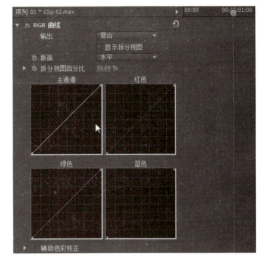

知识点解析 10 "RGB 曲线"特效　　　　知识点解析 11 "RGB 曲线"特效的参数

新建项目和序列

1. 启动 Premiere Pro CS6 软件，单击"新建项目"按钮，在"新建项目"窗口中创建名称为"个人音乐 MV"的项目文件，如图 3-1 所示。单击"确定"按钮，进入"新建序列"窗口。

2. 在"新建序列"窗口的"有效预设"栏里，选择"DV-PAL"中的"宽银幕 48kHz"，如图 3-2 所示。在"新建序列"窗口下方的"序列名称"处输入"个人音乐 MV"，如图 3-3 所示，单击"确定"按钮，进入编辑界面。

图 3-1　在"新建项目"窗口中设置项目名称　　　图 3-2　设置项目的格式

图 3-3　将序列命名为"个人音乐 MV"

导入素材

3．双击"项目：个人音乐 MV"窗口的空白位置，弹出"导入"窗口，在"个人音乐 MV 的制作"中选中"素材"文件夹，单击"导入文件夹"按钮，如图 3-4 所示，将素材文件夹导入工程中。

图 3-4　将选中素材导入

4．导入素材后的项目窗口如图 3-5 所示。单击"素材"文件夹前的小三角，展开文件夹，可以看到 3 段视频素材、1 段音频素材，如图 3-6 所示。

图 3-5　"素材"文件夹被导入项目中　　　　图 3-6　项目窗口中的"素材"文件夹被展开

根据音乐剪辑素材

5．将"素材"文件夹中的"summer"文件直接拖曳到序列"个人音乐 MV"的"音频 1"轨道上，如图 3-7 所示。按"空格"键，播放序列中的素材，熟悉音乐的内容，感受音乐的节奏。

6．双击"素材"文件夹中的"Clip 01"素材，将素材添加到源素材监视窗，按键盘上的"L"键，播放素材。在素材时间码的"01:00:00:16"处按"I"键打入点，如图 3-8 所示。在素材时间码的"01:00:04:16"处按"O"键打出点，如图 3-9 所示。

图 3-7　音频文件被添加到序列的"音频 1"轨道上

图 3-8　在"01:00:00:16"处按"I"键打入点　　图 3-9　在"01:00:04:16"处按"O"键打出点

7．单击"源素材监视窗"下方的"仅拖动视频"按钮，如图 3-10 所示，将入、出点之间的视频添加到"视频 1"轨道上，如图 3-11 所示。

图 3-10　"仅拖动视频"按钮

图 3-11　入、出点之间的视频被添加到"视频 1"轨道上

8．将序列中的位置标尺移动到时间码的 2 秒 10 帧处按"I"键打入点，如图 3-12 所示。

图 3-12　在序列的 2 秒 10 帧处按"I"键打入点

9．双击"素材"文件夹中的"Clip 02"素材，将素材添加到"源素材监视窗"，按键盘上的"L"键，播放素材。在素材时间码的"01:00:02:02"处按"I"键打入点，如图 3-13 所示。

图 3-13　在素材的"01:00:02:02"处按"I"键打入点

10．单击"源素材监视窗"下方的"仅拖动视频"按钮，将入点之后的视频添加到"视频 1"轨道的入点之后，如图 3-14 所示。对素材出点的位置可不做精确限定。

图 3-14　"Clip 02"素材被添加到"视频 1"轨道的入点之后

11．将序列中的位置标尺移动到时间码的 3 秒 16 帧处按"I"键打入点，如图 3-15 所示。

图 3-15　在序列的 3 秒 16 帧处按"I"键打入点

12．双击"素材"文件夹中的"Clip 03"素材，将其添加到"源素材监视窗"，按键盘上的"L"键，播放素材。在素材时间码的"01:00:00:22"处按"I"键打入点，如图 3-16 所示。

13．单击"源素材监视窗"下方的"仅拖动视频"按钮，将入点之后的视频添加到"视频 1"轨道的入点之后，如图 3-17 所示。

图 3-16 在素材的"01:00:00:22"处按"I"键打入点

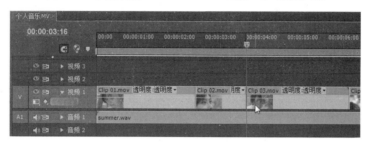

图 3-17 "Clip 03"素材被添加到"视频 1"轨道的入点之后

14. 将序列中的位置标尺移动到时间码的 5 秒 15 帧处按"I"键打入点,如图 3-18 所示。

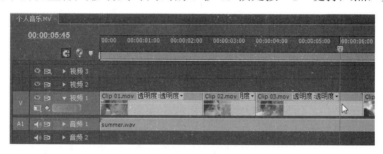

图 3-18 在序列的 5 秒 15 帧处按"I"键打入点

15. 按键盘上的"\"键,将序列中的所有内容都在可视区域显示,如图 3-19 所示。

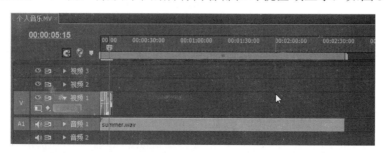

图 3-19 将序列中的所有内容都在可视区域显示

16. 将位置标尺移动到音频素材的尾部之后按"O"键打出点，如图 3-20 所示。

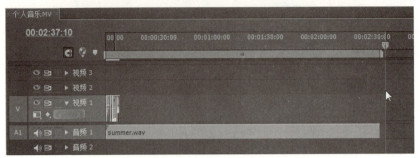

图 3-20　在音频素材的尾部之后按"O"键打出点

17. 单击"节目监视窗"下方的"提取"按钮，如图 3-21 所示，将序列中入、出点之间的素材删除，如图 3-22 所示。

图 3-21　"节目监视窗"下方的"提取"按钮

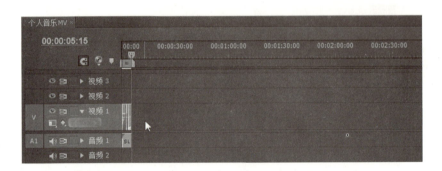

图 3-22　序列中入、出点之间的素材被删除

18. 按键盘上的"\"键，可在可视区域内均匀显示序列中的内容，如图 3-23 所示。

图 3-23　重新调整显示比例后的序列画面

△○ 调整颜色

19. 将序列中的位置标尺移动到 1 秒 04 帧处，单击工具栏中的"剃刀工具"，如图 3-24 所示。鼠标变成"剃刀"形状后，单击"Clip 01"的位置标尺处，将素材切断，如图 3-25 所示。之后单击工具栏中的"选择工具"，如图 3-26 所示，将鼠标恢复成箭头状。

任务三　个人音乐 MV 的制作

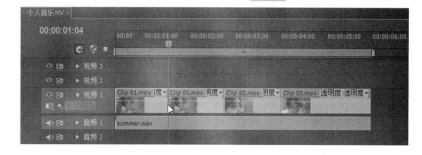

图 3-24　工具栏中的"剃刀工具"　　　　图 3-25　"Clip 01"素材被切断

20．单击"项目：个人音乐 MV"面板右侧的"效果"面板，如图 3-27 所示。在搜索栏中输入"RGB 曲线"（"RGB"和"曲线"之间有空格），找到"视频特效"中"色彩校正"文件夹下的"RGB 曲线"特效，如图 3-28 所示。

图 3-26　"选择工具"命令　　　图 3-27　"效果"面板　　　图 3-28　"RGB 曲线"特效的位置

21．将"RGB 曲线"特效拖曳到序列中第一段"Clip 01"镜头上，打开"特效控制台"面板，"RGB 曲线"特效参数组的参数如图 3-29 所示。

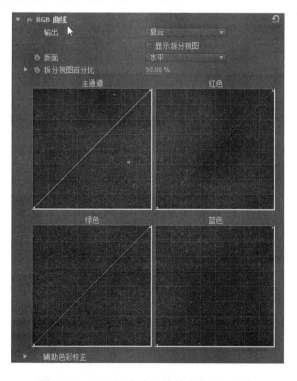

图 3-29　"RGB 曲线"特效参数组的参数

22．将位置标尺移动到第一段"Clip 01"镜头上，在"RGB 曲线"特效"主通道"斜线上单击，增加控制点，调整斜线的形状，如图 3-30 所示。调整后的"节目监视窗"画面如图 3-31 所示，此时的画面偏黄色。

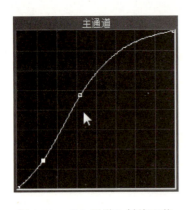

图 3-30　"主通道"斜线形状　　　　　　　图 3-31　调整完"主通道"后的画面效果

23．单击"红色"斜线的中间，小幅度地向右下拖曳，如图 3-32 所示。单击"蓝色"斜线的中间，小幅度地向左上拖曳，如图 3-33 所示。此时完成颜色调整，如图 3-34 所示。

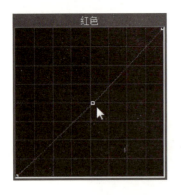

图 3-32　调整"红色"斜线形状　　　　　　图 3-33　调整"蓝色"斜线形状

图 3-34　调整完"红色"、"蓝色"通道后画面的效果

24．右击序列中的第一段"Clip 01"镜头，在弹出的快捷菜单中选择"复制"命令，如图 3-35 所示。右击第二段"Clip 01"镜头，在弹出的快捷菜单中选择"粘贴属性"命令，

如图 3-36 所示。此时在第二段"Clip 01"镜头的画面也经过了颜色调整，如图 3-37 所示。

图 3-35 "复制"命令

图 3-36 "粘贴属性"命令

图 3-37 调整后的第二段"Clip 01"镜头的画面

25．用"粘贴属性"功能，给其他镜头应用颜色调整特效。应用完预览画面，发现"Clip 02"素材的画面偏蓝色，"Clip 03"素材的画面略偏黄色，分别如图 3-38 和图 3-39 所示。

图 3-38 "Clip 02"素材的画面偏蓝色

图 3-39 "Clip 03"素材的画面略偏黄色

26．单击序列中的"Clip 02"素材，将其选中，打开"特效控制台"面板。将"RGB 曲线"特效中"蓝色"斜线上的控制点向右下拖曳，如图 3-40 所示。将"红色"斜线上的控制点向左上拖曳，如图 3-41 所示。

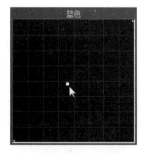
图 3-40 "蓝色"斜线的形状

图 3-41 "红色"斜线的形状

27．调整后的"Clip 02"素材的画面如图 3-42 所示。

图 3-42 调整颜色后的"Clip 02"素材的画面

28．单击序列中的"Clip 03"素材，将其选中，打开"特效控制台"面板。将"RGB 曲线"特效中"蓝色"斜线上的控制点向右上拖曳一点，如图 3-43 所示。

29．调整后的"Clip 03"素材的画面如图 3-44 所示。

图 3-43 "蓝色"斜线的形状　　　　图 3-44 调整颜色后的"Clip 03"素材的画面

△○ 制作画中画

30．选中序列中的后 3 个素材，如图 3-45 所示。按"Ctrl"+"C"组合键，复制素材。移动序列中的位置标尺到第一个剪接点处，单击"视频 2"轨道，将其选中，如图 3-46 所示。

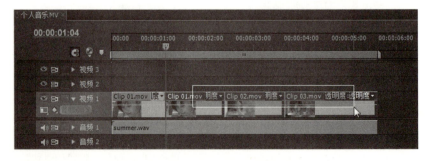

图 3-45 选中序列中的后 3 个素材

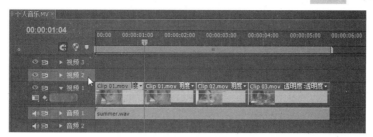

图 3-46 选中"视频 2"轨道后移动位置标尺到第一个剪接点处

31．按"Ctrl"+"V"组合键，将素材粘贴到"视频 2"轨道的位置标尺之后，如图 3-47 所示。此时"视频 2"轨道上的素材和"视频 1"轨道上的素材完全重合，内容完全一致。

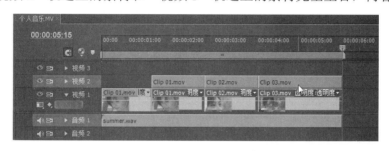

图 3-47 将选中的素材复制后粘贴到"视频 2"轨道上

32．单击"视频 2"轨道上的"Clip 01"素材，并将位置标尺移动到该素材上。打开"特效控制台"面板，展开"运动"参数组中的参数，如图 3-48 所示。

33．将"运动"参数组中的"位置"参数调整为"550.0，251.0"，将"缩放比例"参数调整为"78.0"，如图 3-49 所示。调整后的"Clip 01"素材画面如图 3-50 所示。

图 3-48 "运动"参数组中的参数

图 3-49 调整"位置"和"缩放比例"参数

图 3-50 调整后的"Clip 01"素材画面

34. 对"视频 2"轨道上的"Clip 02"素材、"Clip 03"素材的"运动"参数组做相同设置。调整后"Clip 02"素材和"Clip 03"素材的画面如图 3-51 和图 3-52 所示。

图 3-51　调整后"Clip 02"素材的画面　　　　图 3-52　调整后"Clip 03"素材的画面

35. 单击"视频 1"轨道上的第二段"Clip 01"素材,并将位置标尺移动到该素材上。打开"特效控制台"面板,展开"运动"参数组参数,将"位置"参数调整为"120.0,288.0",如图 3-53 所示。展开"透明度"参数组参数,将"透明度"参数调整为"30.0%",如图 3-54 所示。调整后的画面如图 3-55 所示。

图 3-53　设置"位置"参数　　　　　　　　图 3-54　设置"透明度"参数

图 3-55　调整参数后的画面效果

36. 单击"视频 1"轨道上的"Clip 02"素材,并将位置标尺移动到该素材上。打开"特效控制台"面板,展开"运动"参数组参数,将"位置"参数调整为"168.0,288.0",如图 3-56 所示。展开"透明度"参数组参数,将"透明度"参数调整为"30.0%"。调整后的画面如图 3-57 所示。

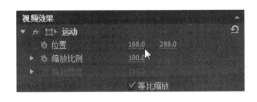 

图 3-56　设置"位置"参数　　　　　　　图 3-57　调整参数后的画面效果

37．单击"视频1"轨道上的"Clip 03"素材，并将位置标尺移动到该素材上。打开"特效控制台"面板。展开"运动"参数组参数，将"位置"参数调整为"275.0，288.0"，如图 3-58 所示。展开"透明度"参数组参数，将"透明度"参数调整为"30.0%"。调整后的画面如图 3-59 所示。

图 3-58　设置"位置"参数　　　　　　　图 3-59　调整参数后的画面效果

38．单击"视频2"轨道上的"Clip 01"素材，将位置标尺移动到距素材起点 6 帧左右的位置，如图 3-60 所示。打开"特效控制台"面板，展开"运动"参数组参数，单击"位置"和"缩放比例"参数前的"切换动画"开关，如图 3-61 所示，进入动画模式，在位置标尺处自动新建两个关键帧，如图 3-62 所示。

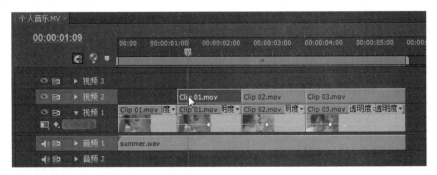

图 3-60　确定位置标尺的位置

图 3-61 "切换动画"开关

图 3-62 "切换动画"开关打开后自动在位置标尺处新建关键帧

39. 将位置标尺移动到最左边,单击"位置"和"缩放比例"参数的"添加/移除关键帧"按钮,如图 3-63 所示,在位置标尺处新建关键帧,如图 3-64 所示。将该处关键帧的"位置"参数调整为"360.0,288.0","缩放比例"参数调整为"100.0",如图 3-65 所示。

图 3-63 "添加/移除关键帧"按钮

图 3-64 在位置标尺处新建关键帧

图 3-65 调整关键帧的参数

40. 完成关键帧设置后,画面从全屏缩放到小画面,如图 3-66 所示,画中画制作完成。

图 3-66 画面从全屏缩放到小画面

添加字幕

41. 在项目窗口的空白区域右击,在弹出的快捷菜单中选择"新建分项"→"字幕"命令,如图 3-67 所示。打开"新建字幕"窗口,将字幕名称改为"黑条",如图 3-68 所示。单击"确定"按钮,进入字幕窗口。

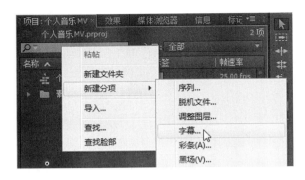
图 3-67 "字幕"命令

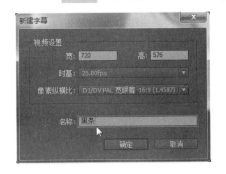
图 3-68 将字幕名称改为"黑条"

42．单击字幕窗口左侧工具栏中的"矩形工具"，如图 3-69 所示。在字幕窗口中画一个矩形长条，如图 3-70 所示。

图 3-69 工具栏中的"矩形工具"　　　　图 3-70 在字幕窗口中画一个矩形长条

43．单击字幕窗口右侧"填充"项中"颜色"参数的色块，如图 3-71 所示。将颜色改成"黑色"，如图 3-72 所示。单击"确定"按钮后，将"填充"项中的"透明度"参数设置为"30"（%），如图 3-73 所示。

图 3-71 单击"颜色"参数的色块　　　　图 3-72 拾取黑色

44．调整完参数后，字幕窗口中的矩形长条如图 3-74 所示。关闭字幕窗口，回到编辑界面。

图 3-73　调整颜色的透明度　　　　图 3-74　字幕窗口中的矩形长条

45．在项目窗口的空白区域右击，在弹出的快捷菜单中选择"新建分项"→"字幕"命令，新建一个名称为"LOVE"的字幕，进入字幕窗口后单击"输入工具"，如图 3-75 所示，在字幕窗口中输入"LOVE"。

46．将"字体"设置为"Arial"，"字体样式"设置为"Black"，"字体大小"设置为"58.0"，如图 3-76 所示。将文字颜色设置为"灰白色"，如图 3-77 所示。

图 3-75　字幕窗口中的"输入工具"　　图 3-76　设置文字的属性　　图 3-77　设置文字颜色

47．调整完字幕属性后，将字幕放在如图 3-78 所示的位置。

48．新建一个名称为"in my heart"的字幕，在字幕中输入"in my heart，in my eyes"。将"字体"设置为"Adobe Arabic"，"字体样式"设置为"Regular"，"字体大小"设置为"77.0"，文字颜色设置为灰白色。

49．将文字放在如图 3-79 所示的位置。

图 3-78　调整字幕的位置　　　　图 3-79　名称为"in my heart"的字幕的位置

50．拖曳序列中的位置标尺，将位置标尺移动到 1 秒 10 帧的位置，如图 3-80 所示。将项目窗口中的"黑条"拖曳到"视频 3"轨道的位置标尺之后，如图 3-81 所示。

图 3-80　位置标尺被移动到 1 秒 10 帧的位置

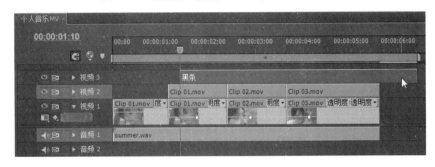

图 3-81　"黑条"被拖曳到"视频 3"轨道的位置标尺之后

51．将鼠标放在"黑条"素材的尾部，当鼠标变成"]"形以后，按住鼠标向左拖曳，调整素材的持续时间，使"黑条"素材的尾部与"Clip 03"素材尾部的时间点重合，如图 3-82 所示。

图 3-82　调整"黑条"素材的持续时间

52．单击"效果"面板中"视频切换"文件夹前的小三角，找到"叠化"文件夹中的"交叉叠化（标准）"转场，如图 3-83 所示。将其添加到"黑条"素材的起点处，如图 3-84 所示。

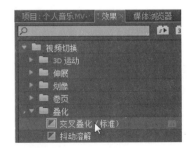

图 3-83　"效果"面板中的"交叉叠化（标准）"转场

图 3-84 "交叉叠化（标准）"转场被添加到"黑条"素材的起点处

制作画面整体动作

53．将字幕"LOVE"从项目窗口拖曳到序列中的"视频 3"轨道上，调整字幕的起始点位置，使字幕"LOVE"与字幕"黑条"上下重叠，如图 3-85 所示。

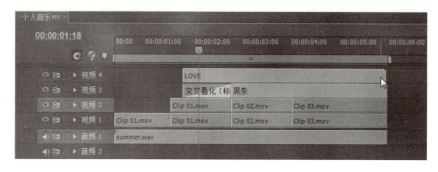

图 3-85 序列中的"LOVE"字幕

54．单击"效果"面板，在搜索栏中输入"基本 3D"，在"视频特效"中的"透视"文件夹下找到"基本 3D"特效，如图 3-86 所示。将"基本 3D"特效拖曳到序列中的"LOVE"字幕上。

55．将位置标尺移动到距字幕"LOVE"起点15 帧的位置，如图 3-87 所示。将字幕"LOVE"选中，打开"特效控制台"面板，将"运动"参数组中的"位置"、"缩放比例"参数，"透明度"参数组中的"透明度"参数，"基本 3D"参数组中的"与图像的距离"参数的"动画切换"开关打开，如图 3-88 所示。

图 3-86 "效果"面板中的"基本 3D"特效

图 3-87 位置标尺被移动到距字幕"LOVE"起点 15 帧的位置

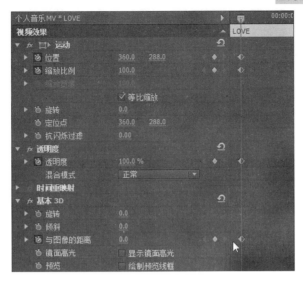

图 3-88 相关参数的"动画切换"开关被打开

56．在"特效控制台"窗口中将位置标尺移动到最左侧，单击"位置"、"缩放比例"、"透明度"、"与图像的距离"参数的"添加/移除关键帧"按钮，在位置标尺处新建关键帧，如图 3-89 所示。

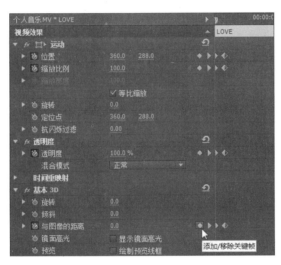

图 3-89 在位置标尺处新建关键帧

57．将"位置"参数值设置为"488.0，187.0"，"缩放比例"参数值设置为"123.0"，如图 3-90 所示。将"透明度"参数值设置为"20.0%"，如图 3-91 所示。将"与图像的距离"参数值设置为"-42.0"，如图 3-92 所示。

图 3-90 设置"位置"和"缩放比例"的参数值

图 3-91　设置"透明度"的参数值

图 3-92　设置"与图像的距离"的参数值

58．预览画面，可以看到"LOVE"字幕从画面外纵深飞入，如图 3-93 所示。

图 3-93　"LOVE"字幕从画面外纵深飞入

59．将位置标尺移动到距字幕"LOVE"起点 12 帧处，将"in my heart"字幕拖曳到"视频 4"轨道上方的位置标尺之后。"in my heart"字幕被添加到自动新建的"视频 5"轨道上，如图 3-94 所示，使"in my heart"字幕出点的位置与下方轨道素材的出点一致，如图 3-95 所示。

图 3-94　"in my heart"字幕被添加"视频 5"轨道上

图 3-95　调整"in my heart"字幕出点的位置

60．右击序列中的"LOVE"字幕，在弹出的快捷菜单中选择"复制"命令。右击序列中的"in my heart"字幕，在弹出的快捷菜单中选择"粘贴属性"。将"LOVE"字幕的所有特效及参数设置方式粘贴给"in my heart"字幕。"in my heart"字幕也从画面外纵深飞入，如图 3-96 所示。

图 3-96　"in my heart"字幕从画面外纵深飞入

61．在项目窗口的空白区域右击，在弹出的快捷菜单中选择"新建分项"→"字幕"命令，新建一个名称为"亮线"的字幕。在字幕窗口中用"矩形工具"画一个矩形长条，如图 3-97 所示。

图 3-97　在字幕窗口中画的矩形长条

62．将"字幕属性"面板中"属性"→"扭曲"中的"Y"参数设置为"-100.0%"，如图 3-98 所示。此时矩形长条的形状如图 3-99 所示。

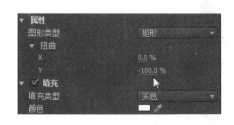 

图 3-98　将"Y"参数设置为"-100.0%"　　　图 3-99　调整完参数后的矩形长条的形状

63．将鼠标移动到矩形的上边框处，当鼠标变成上下箭头时，向下拖曳鼠标调整矩形的高度，直到矩形条变成一条线，如图3-100所示。用鼠标调整线条的长度，调整后的线条如图3-101所示。

图3-100　矩形条变成一条线

图3-101　调整后的线条

64．选中制作好的线条，按"Ctrl"+"C"组合键，复制线条。将复制的线条向右拖曳，如图3-102所示。将复制出来的线条选中，将其"属性"→"扭曲"中的"Y"参数设置为"100.0%"，如图3-103所示。此时线条变成向右放射状，如图3-104所示。

图3-102　复制出另一个线条

图3-103　调整复制出来的线条的参数

65．将两个线条连接到一起，并把连接好的线条移动到如图3-105所示的位置。关闭字幕窗口，回到编辑界面。

图3-104　线条变成向右放射状

图3-105　将两个线条连接到一起

66．移动序列中的位置标尺到2秒01帧处。将项目窗口中的"亮线"字幕拖曳到序列中"视频5"轨道的上方，如图3-106所示。

图 3-106　"亮线"字幕被添加到"视频 6"轨道

67. 右击序列中的"亮线"字幕,在弹出的快捷菜单中选择"速度/持续时间"命令,如图 3-107 所示。在弹出的"素材速度/持续时间"对话框中将"持续时间"改成 1 秒 03 帧,如图 3-108 所示,单击"确定"按钮。此时的序列如图 3-109 所示。

图 3-107　"速度/持续时间"命令　　　图 3-108　将"持续时间"改成 1 秒 03 帧

图 3-109　序列中的"亮线"字幕

68. 单击序列中的"亮线"字幕,打开"特效控制台"面板,展开"运动"参数组。将"特效控制台"面板中的位置标尺移动到最左端。单击"位置"参数的"切换动画"开关,在位置标尺处自动建立关键帧。将"位置"参数设置为"1040.0,288.0",如图 3-110 所示。此时字幕中的亮线被移动到画面最右端。

图 3-110　设置起始关键帧的"位置"参数值

69. 将"特效控制台"面板中的位置标尺移动到"亮线"字幕的尾帧，单击"位置"参数的"添加/移除关键帧"按钮，在位置标尺处建立关键帧。将"位置"参数设置为"-30.0，288.0"，如图 3-111 所示。此时字幕中的亮线被移动到画面最左端，让"亮线"字幕条横向运动。

图 3-111　设置结尾关键帧的"位置"参数值

70. 移动序列中的位置标尺到 2 秒 05 帧处。将项目窗口中的"亮线"字幕拖曳到序列中"视频 6"轨道的上方。将"亮线"字幕条的持续时间改成 18 帧，如图 3-112 所示。

图 3-112　调整"视频 7"轨道上"亮线"字幕条的持续时间

71. 单击"视频 7"轨道中的"亮线"，打开"特效控制台"面板，展开"运动"参数组，将"旋转"参数设置为"90.0°"。如图 3-113 所示。

72. 设置"位置"参数，让亮线沿着画面边缘向下运动。起始关键帧"位置"参数为"399.0，-45.0"，结尾关键帧"位置"参数为"399.0，1101.0"。制作完成的垂直运动的亮线如图 3-114 所示。

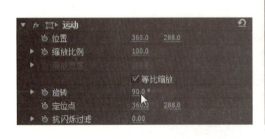

图 3-113　将"旋转"参数设置为"90.0°"　　　　图 3-114　制作完成的垂直运动的亮线

73. 框选"视频 6"和"视频 7"轨道上的"亮线"，如图 3-115 所示。按"Ctrl"+"C"组合键，复制"亮线"。

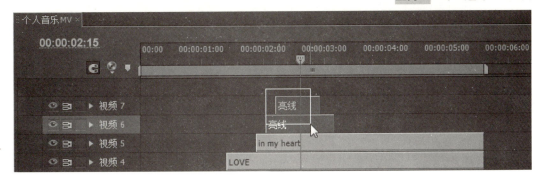

图 3-115 框选"视频 6"和"视频 7"轨道上的"亮线"

74．将序列中的位置标尺移动到 3 秒 06 帧处，按"Ctrl"+"V"组合键，将"亮线"粘贴到位置标尺之后，如图 3-116 所示。

图 3-116 复制"视频 6"和"视频 7"轨道上的"亮线"并粘贴

75．用同样的方式复制"视频 6"和"视频 7"轨道上的"亮线"，粘贴到序列的 4 秒 11 帧处，如图 3-117 所示。

图 3-117 再次复制"视频 6"和"视频 7"轨道上的"亮线"并粘贴

76．预览此时的画面，三组"亮线"同方向运动，显得单调。调整中间一组"亮线"的"位置"参数，使"亮线"的运动方向与原来的相反。

77．框选序列中所有的视频轨道上的素材，如图 3-118 所示。右击，在弹出的快捷菜单中选择"嵌套"命令，如图 3-119 所示。此时序列中的所有视频素材合并为一个名为"嵌套序列 01"的素材，如图 3-120 所示。

图 3-118　框选序列中所有视频轨道上的素材

图 3-119　"嵌套"命令

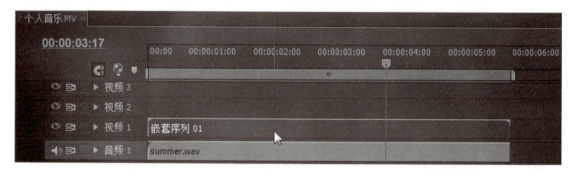

图 3-120　序列中的所有视频素材合并为名为"嵌套序列 01"的素材

78．将序列中的位置标尺移动到 1 秒 09 帧处。在"效果"面板的搜索栏中输入"基本 3D"，找到"基本 3D"特效，如图 3-121 所示，并将其添加到序列中的"嵌套序列 01"素材上。

79．打开"特效控制台"面板，单击"基本 3D"特效中"旋转"、"倾斜"、"与图像的距离" 3 个参数的"切换动画"开关，如图 3-122 所示。

图 3-121　"基本 3D"特效　　图 3-122　给"旋转"、"倾斜"、"与图像的距离" 3 个参数设置动画

80．将位置标尺移动到"嵌套序列 01"素材的尾帧上。单击"旋转"、"倾斜"、"与图像

的距离"3个参数的"添加/移除关键帧"按钮,在尾帧上新建关键帧。将"旋转"参数设置为"12.0°","倾斜"参数设置为"3.0°","与图像的距离"参数设置为"8.0",如图 3-123 所示。此时画面效果如图 3-124 所示,完成任务制作。

图 3-123　设置尾帧的参数值

图 3-124　制作好的个人音乐 MV 的画面效果

举 一 反 三

1. 使用本任务提供的素材,制作如图 3-125 和图 3-126 所示的画面效果。

图 3-125　画面效果 1

图 3-126　画面效果 2

2．本任务的制作使用了"嵌套"功能，思考嵌套序列的作用有哪些。

3．本任务使用了"基本 3D"特效，如果不使用"基本 3D"特效，仅通过调整"位置"和"缩放比例"的参数来制作字幕的运动，其效果会和现在的有什么不同？

任务四
儿童电子相册的制作

任务说明

本任务是设计制作儿童电子相册,包括 2 个 PSD 照片文件、1 个背景音频、3 个花边素材、1 个向日葵元素。本任务要求该电子相册以图、文、声、像并茂的表现手法,多姿多彩的形式,动感地展现静态照片。

本任务素材

本任务素材位置:设计儿童电子相册\素材。

制作思路剖析

本任务的儿童照片已经用 Photoshop 进行了处理,限定了照片的尺寸,设计了边框。首先将 Photoshop 的 PSD 文件分层导入工程中,确保 PSD 文件的每个图层都是一张照片。制作时,为了丰富画面内容,制作了两个不同风格的镜头。每个镜头中,都对照片文件应用了特效,设置了投影,添加了背景。为了让两个镜头的风格有所区别,采用了不同的照片呈现方式,并用花边生长素材丰富画面背景,用葵花图片丰富画面前景,用葵花的横向运动来制作转场。最后配上优美的音乐,完成儿童电子相册的制作。

制作流程图

流程 1　新建序列

流程 2　导入素材

流程 3　制作镜头 01

流程 4　制作镜头 02

流程 5　制作转场

流程 6　添加背景音乐

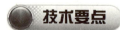

- PSD 文件的导入

- "投影"特效、"四色渐变"特效的应用
- 特效参数动画的设置
- 粘贴属性功能的应用
- 序列的嵌套
- 自定义转场的应用
- 音频编辑

重要知识点解析

PSD 文件的导入

Premiere 支持导入 Photoshop 制作的扩展名为 PSD 的文件。PSD 文件被导入后,原来 PSD 文件中的透明部分将被转化为 Alpha 通道继续保持透明。

对于分层的 PSD 文件,可以选择 4 种导入的方式,如知识点解析 1 所示。

- "合并所有图层":将 PSD 中所有的图层合并成一个图层。
- "合并图层":可以自己设定想要合并的图层。
- "单层":支持单独选择一个图层导入。
- "序列":再导入时会自动新建一个序列,原 PSD 文件中的图层分布在序列的各个轨道中。

"四色渐变"特效的应用

"四色渐变"特效在"视频特效"中的"生成"文件夹内,如知识点解析 2 所示。将"四色渐变"特效拖曳到序列中的素材上,此时"节目监视窗"画面如知识点解析 3 所示,节目监视窗画面变成 4 种颜色渐变状,画面四角的颜色各不相同。在特效控制台中可对"四色渐变"的 4 种颜色和颜色位置进行调整,如知识点解析 4 所示。

知识点解析 1　PSD 文件的 4 种导入方式

知识点解析 2　"四色渐变"特效

知识点解析 3　应用"四色渐变"特效的素材画面

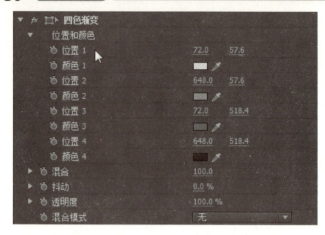

知识点解析 4 "四色渐变"特效的相关参数

 新建序列

1. 启动 Premiere Pro CS6 软件，单击"新建项目"按钮，创建一个名称为"设计儿童电子相册"的项目文件，如图 4-1 所示。单击"确定"按钮，进入"新建序列"窗口。

2. 在"新建序列"窗口的"序列预设"栏里，选择"DV-PAL"中的"标准 48kHz"，如图 4-2 所示。在"新建序列"窗口下方的"序列名称"处输入序列的名称"镜头 01"，如图 4-3 所示，单击"确定"按钮，进入编辑界面。

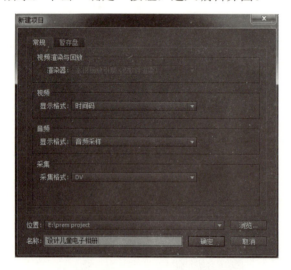

图 4-1 在"新建项目"窗口中设置项目名称

图 4-2 设置项目的格式

图 4-3 将序列命名为"镜头 01"

导入素材

3．双击"项目：设计儿童电子相册"窗口的空白位置，弹出导入窗口，在"设计儿童电子相册\素材"中，选中 3 个"花边生长"动画素材和"小孩儿相册"素材，如图 4-4 所示，单击"打开"按钮。

图 4-4 将选中素材导入

4．由于"小孩儿相册"素材是分层的，并且包含多个 Photoshop 图层，所以在导入时会弹出"导入分层文件：小孩儿相册"对话框，在"导入为"下拉列表中选择"单层"命令，如图 4-5 所示，以确保 PSD 文件以分层的形式导入工程中。

5．在"导入分层文件：小孩儿相册"对话框的底部有"素材尺寸"选项，在下拉列表中选择"图层大小"，如图 4-6 所示，目的是保证每个图层在导入后，还能保持原来的尺寸。单击"确定"按钮，将素材导入工程窗口中。

图 4-5 在"导入为"列表中选择导入类型

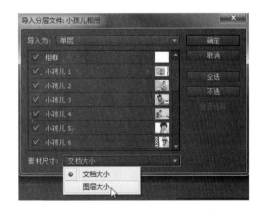

图 4-6 设定素材尺寸

6．导入素材后的项目窗口如图 4-7 所示。分层的 PSD 文件以文件夹的形式存在，文件夹中包含很多单独的图层。单击"小孩儿相册"文件夹前的小三角展开文件夹，即可查看文件夹中的内容，如图 4-8 所示。

图 4-7　导入素材后的项目窗口

图 4-8　查看"小孩儿相册"文件夹中的内容

制作镜头 01

7. 右击项目窗口的空白区域，在弹出的快捷菜单中选择"新建分项"→"彩色蒙版"命令，如图 4-9 所示。

8. 在弹出的"新建彩色蒙版"窗口中，保持"视频设置"项的参数与序列的参数相同，如图 4-10 所示。本任务不需要对默认规格进行修改。

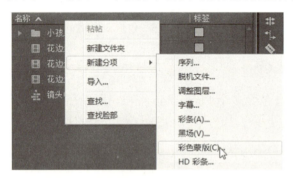
图 4-9　用快捷菜单新建"彩色蒙版"

图 4-10　在"新建彩色蒙版"窗口设置视频

9. 在"新建彩色蒙版"窗口中单击"确定"按钮，弹出"颜色拾取"窗口，选择纯白色，如图 4-11 所示，将彩色蒙版的颜色设置为纯白色。

10. 单击"确定"按钮，在弹出的"选择名称"窗口中输入彩色蒙版的名称"背景"，如图 4-12 所示。单击"确定"按钮后，在项目窗口中可看到刚建立的彩色蒙版，如图 4-13 所示。

图 4-11　设置彩色蒙版的颜色

图 4-12　设置彩色蒙版的名称

11．将彩色蒙版"背景"拖曳到"镜头 01"的"视频 1"轨道上，如图 4-14 所示。

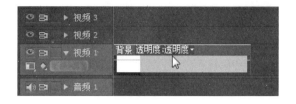

图 4-13　项目窗口中的彩色蒙版　　　　　图 4-14　彩色蒙版被添加到"视频 1"轨道上

12．右击项目窗口的空白区域，在弹出的快捷菜单中选择"新建分项"→"序列"命令，如图 4-15 所示。在"新建序列"窗口的"序列预设"栏里，选择"DV-PAL"中的"标准 48kHz"。在"新建序列"窗口下方的"序列名称"处输入"图片动画"，单击"确定"按钮，在项目窗口中新建一个名称为"图片动画"的序列。

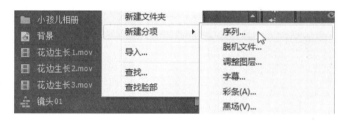

图 4-15　"序列"命令

13．单击项目窗口中"小孩儿相册"文件夹前的小三角，展开"小孩儿相册"文件夹中的素材。单击项目窗口右下方的"新建文件夹"按钮，如图 4-16 所示，在"小孩儿相册"文件夹下，新建名称为"照片 01"的文件夹，如图 4-17 所示。

图 4-16　项目窗口右下方的"新建文件夹"按钮　　　图 4-17　新建名称为"照片 01"的文件夹

14．在按住"Ctrl"键的同时，依次单击"小孩儿 1/小孩儿相册"至"小孩儿 8/小孩儿相册"文件，将 8 个文件选中。用鼠标将这 8 个图片拖曳到"照片 01"的文件夹中，如图 4-18 所示。

15．用同样的方法，在"小孩儿相册"文件夹下新建名称为"照片 02"的文件夹，将"小孩儿相册"文件夹下的其他图片拖曳到"照片 02"文件夹中，如图 4-19 所示，完成对照片的分类整理。

图4-18 "照片01"的文件夹中的图片　　　　图4-19 "小孩儿相册"文件夹的结构

16. 将"照片01"的文件夹展开，选中所有图片，单击项目窗口下方的"自动匹配序列"按钮，如图4-20所示，弹出"自动匹配到序列"窗口，保持窗口默认设置，如图4-21所示，单击"确定"按钮。

图4-20 项目窗口下的"自动匹配序列"按钮　　　　图4-21 "自动匹配到序列"窗口

17. "照片01"文件夹中的图片，自动地被添加到序列"图片动画"中，图片之间还被自动地添加了"叠化"转场，如图4-22所示。

图4-22 序列"图片动画"中的图片

18. 将"小孩儿相册"文件夹中的"相框/小孩儿相册"素材拖曳到"图片动画"序列的"视频2"轨道上。拖曳"相框/小孩儿相册"素材，使其持续时间与"视频1"轨道上图片的持续时间相同，如图4-23所示。

图 4-23 调整"相框/小孩儿相册"素材的持续时间

19. 此时节目监视窗中小孩儿的照片被添加了边框,但边框略大,且在边框和照片之间有黑边,如图 4-24 所示。

20. 单击"图片动画"序列"视频 2"轨道上的"相框/小孩儿相册"素材,然后单击源监视窗旁边的"特效控制台"面板,如图 4-25 所示。在"特效控制台"面板中展开"运动"选项组,将参数"缩放"设置为"95.0",如图 4-26 所示,缩小相框大小。在调整后的节目监视窗中,相框和照片可以很好地匹配,如图 4-27 所示。

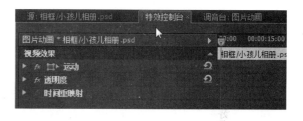

图 4-24 在照片和边框之间有黑边　　　　图 4-25 源监视窗旁边的"特效控制台"面板

图 4-26 参数"缩放"被设置为"95.0"　　　　图 4-27 相框和照片匹配

21. 单击时间线窗口左上角的"镜头 01"栏,如图 4-28 所示,打开"镜头 01"序列。从工程窗口中将"图片动画"序列拖曳到"镜头 01"序列中的"视频 3"轨道上,在英文输入法下,按键盘上的"\"键,让所有序列上的素材都能在可见区域内显示,如图 4-29 所示。

图 4-28 "镜头 01"栏　　　　图 4-29 "图片动画"序列被添加到"视频 3"轨道上

22．将鼠标放在"视频 1"轨道"背景"素材的尾部，等其形状改变后，按住鼠标左键，拖曳素材，使其和"视频 3"轨道上"图片动画"素材的持续时间相同，如图 4-30 所示。

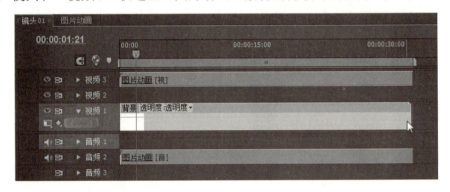

图 4-30　背景素材的长度与"视频 3"轨道上素材的长度相同

23．调整后的画面如图 4-31 所示。因为相框和背景都是纯白色的，所以看不出图片有相框。

24．单击"效果"栏，显示效果面板，如图 4-32 所示。在搜索栏中输入"投影"，如图 4-33 所示。在效果面板中，"投影"特效被搜索出来，如图 4-34 所示。

图 4-31　相框和背景融合的画面　　　　图 4-32　单击"效果"栏

图 4-33　在"搜索"栏中输入"投影"

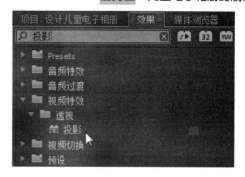

图 4-34　"投影"特效被搜索出来

25．将"投影"特效拖曳到"视频 3"轨道的"图片动画"素材上，单击"特效控制台"面板，展开"运动"参数组，设置"位置"参数为"475.0，204.0"，"缩放比例"参数为"65.0"，如图 4-35 所示，调整素材的位置和大小。

26．单击"投影"参数组前的小三角，展开"投影"特效的参数，设置"透明度"为"50%"，设置"距离"为"41.0"，设置"柔和度"为"85.0"，如图 4-36 所示。调整后的节目监视窗画面如图 4-37 所示。

图 4-35　设置素材的位置和缩放比例参数

图 4-36　设置"投影"特效的参数

图 4-37　设置"投影"特效后的节目监视窗画面

27．单击"项目"窗口，拖曳"花边生长 1"素材到序列的"视频 2"轨道上，如图 4-38 所示。

图 4-38 "花边生长 1"素材被添加到"视频 2"轨道上

28．"花边生长 1"素材是纯白色的，白色背景下看不出来，所以对"花边生长 1"素材使用"四色渐变"特效。单击"效果"栏，显示效果面板。在搜索栏中输入"四色渐变"，"四色渐变"特效被单独显示出来，如图 4-39 所示。

29．将"四色渐变"特效拖曳到"花边生长 1"素材上，节目监视窗画面如图 4-40 所示。

图 4-39 "效果"面板中的"四色渐变"特效　　图 4-40 添加"四色渐变"特效的节目监视窗画面

30．单击序列中的"花边生长 1"素材，单击"特效控制台"面板，展开"运动"参数组，设置"位置"参数为"256.0，364.0"，设置"缩放比例"参数为"45.0"，设置"旋转"参数为"-133.0°"，如图 4-41 所示，对素材的位置、大小和角度进行调整。此时节目监视窗画面如图 4-42 所示。

图 4-41 设置"运动"参数组参数　　图 4-42 调整"运动"参数后的节目监视窗画面

31. 单击"四色渐变"左侧的小三角,展开各项参数。单击"位置和颜色"参数中的"颜色 4"色彩面板,如图 4-43 所示。打开"颜色拾取"窗口,选择暖色调的绿色,如图 4-44 所示,单击"确定"按钮。修改完颜色后的节目监视窗画面如图 4-45 所示。

图 4-43 "四色渐变"中的"颜色 4"色彩面板　　　　图 4-44 拾取暖色调的绿色

图 4-45 修改完颜色后的节目监视窗画面

32. 单击"项目"窗口,拖曳"花边生长 2"素材到"视频 2"轨道"花边生长 1"素材的后面,如图 4-46 所示。

图 4-46 "花边生长 2"素材被添加到"视频 2"轨道"花边生长 1"素材后

33．右击"视频 2"轨道上的"花边生长 1"素材，在弹出的快捷菜单中选择"复制"命令，如图 4-47 所示。右击"花边生长 2"素材，在弹出的快捷菜单中选择"粘贴属性"命令，如图 4-48 所示。将"花边生长 1"素材的相关效果属性设置复制到"花边生长 2"素材。

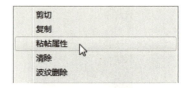

图 4-47　"复制"命令　　　　　　　　图 4-48　"粘贴属性"命令

34．移动时间线上的位置标尺到"花边生长 2"上，节目监视窗中显示出"花边生长 2"的效果画面，如图 4-49 所示。

图 4-49　节目监视窗中的"花边生长 2"的效果画面

35．为了实现"花边生长 1"素材和"花边生长 2"素材的过渡柔和，在两个素材间添加转场。单击"效果"栏，显示出"效果"面板。在搜索栏中输入"交叉叠化"，"交叉叠化（标准）"转场被单独显示在效果面板中，如图 4-50 所示。

36．将"交叉叠化（标准）"转场拖曳到"花边生长 1"素材和"花边生长 2"素材之间，弹出"切换过渡"提示框，如图 4-51 所示，提示素材长度不够，为了保证有切换效果，过渡时会有重复帧，单击"确定"按钮。

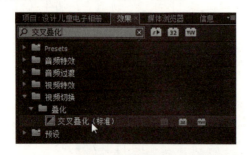

图 4-50　效果面板中的"交叉叠化（标准）"转场　　　图 4-51　"切换过渡"提示框

37．将"花边生长 3"素材拖曳到"视频 2"轨道"花边生长 2"素材的后面，重复上面的操作。直到"视频 2"轨道上素材的持续时间比"视频 3"轨道长,如图 4-52 所示。调整"视频 2"轨道上最后一段素材的时间,使"视频 1"、"视频 2"、"视频 3"轨道上素材的持续时间相同,如图 4-53 所示。

图 4-52 "视频 2"轨道上的素材持续时间比"视频 3"轨道长

图 4-53 "视频 1"、"视频 2"、"视频 3"轨道上素材的持续时间相同

制作镜头 02

38. 在项目窗口空白处右击,在弹出的快捷菜单中选择"新建分项"→"序列"命令。在"新建序列"窗口的"序列预设"栏里,选择"DV-PAL"中的"标准 48kHz"。在"新建序列"窗口下方的"序列名称"处输入序列的名称"镜头 02",单击"确定"按钮,在项目窗口中新建一个名称为"镜头 02"的序列。

39. 在项目窗口空白处双击,弹出"导入"窗口,在"设计儿童电子相册\素材"中,选中"向日葵背景"素材和"向日葵和树叶"素材,如图 4-54 所示。单击"打开"按钮,弹出"导入分层文件:向日葵和树叶"对话框,在"导入为"下拉列表中选择"单层",在"素材尺寸"选项中选择"图层大小",将素材导入工程窗口中。

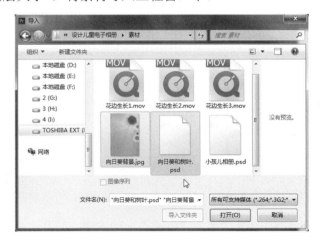

图 4-54 在"导入"窗口中选择文件

40．将"向日葵背景"素材拖曳到"镜头 02"序列的"视频 1"轨道上，按"\"键，调整显示比例后如图 4-55 所示。

图 4-55　"向日葵背景"素材被添加到"视频 1"轨道上

41．单击"向日葵背景"素材，打开"特效控制台"面板，展开"运动"参数组，设置"位置"参数为"342.0，288.0"，设置"缩放比例"参数为"58.0"，如图 4-56 所示，对素材的位置和大小进行调整。调整后的节目监视窗画面如图 4-57 所示。

图 4-56　设置素材的位置和大小参数　　　　图 4-57　调整后的节目监视窗画面

42．在项目窗口中，展开"小孩儿相册"中的"照片 02"文件夹，将"小孩儿 8 相框/小孩儿相册"文件拖曳到"镜头 02"序列的"视频 2"轨道上，如图 4-58 所示。调整后的节目监视窗画面如图 4-59 所示。

图 4-58　"小孩儿 8 相框/小孩儿相册"文件被添加到"视频 2"轨道上

43．在"镜头 02"序列中选中"视频 2"轨道上的素材，打开"特效控制台"面板，展开"运动"参数组，设置"位置"参数为"150.0，400.0"，"缩放比例"参数为"35.0"，"旋转"

参数为"-32.0°",如图 4-60 所示。设置后的节目监视窗画面如图 4-61 所示。

图 4-59 "视频 2"轨道被添加素材后的监视窗画面

图 4-60 "运动"参数组参数设置

图 4-61 调整完"运动"参数组参数后的节目监视窗画面

44.单击"效果"栏,显示"效果"面板。在搜索栏中输入"投影"特效,并把该特效添加到"视频 2"轨道的"小孩儿 8 相框/小孩儿相册"素材上。选中该素材,打开"特效控制台"面板,展开"投影"特效的参数,设置"透明度"为"37%",设置"距离"参数为"22.0",设置"方向"参数为 234.0,设置"柔和度"参数为"77.0",如图 4-62 所示。设置后的节目监视窗画面如图 4-63 所示。

45.拖曳"小孩儿 5 相框/小孩儿相册"文件到"镜头 02"序列的"视频 3"轨道上,如图 4-64 所示。

46.右击"视频 2"轨道上的素材,在弹出的快捷菜单中选择"复制"命令,如图 4-65 所示。右击"视频 3"轨道上的素材,在弹出的快捷菜单中选择"粘贴属性"命令,如图 4-66 所示。节目监视窗画面如图 4-67 所示。两层照片有很多相似的属性,粘贴属性后,只进行小调整即可完成预期的效果,提高制作效率。

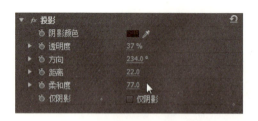

图 4-62 "投影"特效的参数设置　　　　图 4-63 设置完"投影"参数后的节目监视窗画面

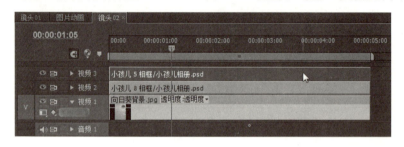

图 4-64 "小孩儿 5 相框/小孩儿相册"文件被添加到"视频 3"轨道

图 4-65 "复制"命令　　　　　　　　图 4-66 "粘贴属性"命令

图 4-67 "视频 3"轨道上的素材完全覆盖住"视频 2"轨道上的素材后的节目监视窗画面

47．在"镜头02"序列中选中"视频3"轨道上的素材，打开"特效控制台"面板，展开"运动"参数组，设置"位置"参数为"297.0，456.0"，"旋转"参数为"12.0°"，如图4-68所示。调整后的节目监视窗画面如图4-69所示。小画面可点缀、丰富整幅画面。

图4-68 "运动"参数组的参数设置　　　图4-69　"视频3"轨道素材调整后的节目监视窗画面

48．从项目窗口中将"图片动画"序列拖曳到"镜头02"序列的"视频3"轨道的上方，"图片动画"序列则被添加到自动新建的"视频4"轨道上，如图4-70所示。

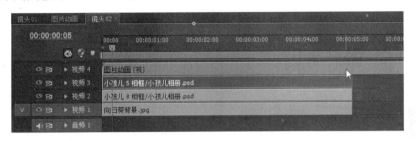

图4-70　"图片动画"序列被添加到"视频4"轨道上

49．按"\"键，让序列中的所有素材都在可见区域显示。调整"视频1"至"视频3"轨道上的素材，使其持续时间与"视频4"轨道上素材的持续时间相同，如图4-71所示。

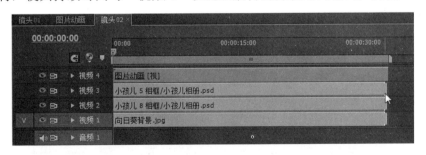

图4-71　调整各个轨道上素材的持续时间

50．在"镜头02"序列中选中"图片动画"素材，打开"特效控制台"面板，展开"运动"参数组，设置"位置"参数为"420.0，230.0"，"缩放比例"参数为"87.0"，"旋转"参数为"5.0°"，如图4-72所示。设置后的节目监视窗画面如图4-73所示。

图 4-72　设置"运动"参数组参数　　　图 4-73　设置"运动"参数组参数后的节目监视窗画面

51．单击项目窗口"向日葵和树叶"文件夹中的"图层 1/向日葵和树叶"文件，如图 4-74 所示。将其拖曳到"镜头 02"序列的"视频 5"轨道上。调整后的节目监视窗画面如图 4-75 所示。在"向日葵和树叶"素材尾部拖曳，使其持续时间与"图片动画"素材的持续时间相同，如图 4-76 所示。

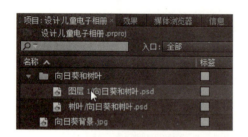 

图 4-74　项目窗口中的素材　　　图 4-75　调整后的节目监视窗中的"向日葵和树叶"

图 4-76　调整"图层 1/向日葵和树叶"素材的持续时间

52．在"镜头 02"序列中选中"图层 1/向日葵和树叶"素材，打开"特效控制台"面板，展开"运动"参数组，设置"位置"参数为"630.0，473.0"，"缩放比例"参数为"22.0"，如

图 4-77 所示。调整后的节目监视窗画面如图 4-78 所示。

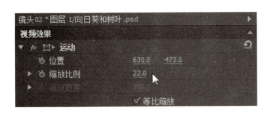

图 4-77 "运动"参数组参数设置　　　图 4-78 调整后的节目监视窗中的向日葵画面

53．在"镜头 02"序列中，将位置标尺移动到最左侧，选中"视频 5"轨道上的"图层 1/向日葵和树叶"素材，打开"特效控制台"面板，展开"运动"参数组，单击"旋转"参数左侧的"切换动画"按钮，如图 4-79 所示，进入动画模式，在位置标尺处出现第一个关键帧，如图 4-80 所示。

图 4-79 "旋转"参数左侧的"切换动画"按钮　　图 4-80 在位置标尺处的第一个关键帧

54．在"特效控制台"面板中，将位置标尺移动到素材的最后一帧，单击"添加/移除关键帧"按钮，新建关键帧，如图 4-81 所示。将"旋转"参数设置为"450.0°"，如图 4-82 所示。此时播放序列可看到向日葵产生旋转动画。

图 4-81 "添加/移除关键帧"按钮　　　　图 4-82 设置"旋转"参数

55．选中"视频 5"轨道上的"图层 1/向日葵和树叶"素材，按"Ctrl"+"C"组合键，复制该素材。移动位置标尺到素材后方的空白区域，按"Ctrl"+"V"组合键，粘贴素材，则"图层 1/向日葵和树叶"素材被插入位置标尺时间点之前，如图 4-83 所示。

图 4-83 "图层 1/向日葵和树叶"素材被插入位置标尺时间点之前

56. 单击新复制的"图层 1/向日葵和树叶"素材,将其拖曳到"视频 5"轨道的上面,自动生成"视频 6"轨道,如图 4-84 所示。

图 4-84 "图层 1/向日葵和树叶"素材被添加到"视频 6"轨道

57. 用同样的方法,继续复制、粘贴"图层 1/向日葵和树叶"素材,并将"图层 1/向日葵和树叶"素材添加到"视频 7"轨道,如图 4-85 所示。

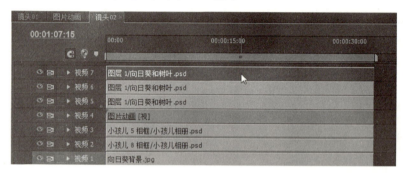

图 4-85 "图层 1/向日葵和树叶"素材被添加到"视频 7"轨道

58. 选中"视频 6"轨道上的"图层 1/向日葵和树叶"素材,打开"特效控制台"面板,展开"运动"参数组,设置"位置"参数为"534.0,539.0","缩放比例"参数为"8.0",如图 4-86 所示。调整后的节目监视窗画面如图 4-87 所示。

图 4-86 "运动"参数组参数设置　　图 4-87 调整后的节目监视窗中的向日葵画面

59. 选中"视频 7"轨道的"图层 1/向日葵和树叶"素材,打开"特效控制台"面板,展开"运动"参数组,设置"位置"参数为"476.0,503.0","缩放比例"参数为"12.0",如图 4-88 所示。调整向日葵的位置和大小后的节目监视窗画面如图 4-89 所示。

图 4-88 "运动"参数组参数设置

图 4-89 调整后的节目监视窗中的向日葵画面

60. 单击"效果"栏,在效果面板的搜索栏中输入"投影",将搜索出来的"投影"特效拖曳到"视频 4"轨道的"图片动画"素材上。打开"特效控制台"面板,展开"投影"参数组,设置"透明度"参数为"35%","方向"参数为"120.0°","距离"参数为"27.0","柔和度"参数为"27.0",如图 4-90 所示。添加完阴影后的节目监视窗画面如图 4-91 所示。

图 4-90 "投影"参数组参数设置

图 4-91 添加完阴影后的节目监视窗画面

制作转场

61. 在项目窗口空白处右击,在弹出的快捷菜单中选择"新建分项"→"序列"命令,新建一个格式为"DV-PAL"、"标准 48kHz",名称为"电子相册"的序列。

62. 将"镜头 01"和"镜头 02"序列从项目窗口拖曳到"电子相册"序列中,如图 4-92 所示。

63. 将项目窗口"向日葵和树叶"文件夹中的"图层 1/向日葵和树叶"文件拖曳到"电子相册"序列"视频 2"轨道上。右击"视频 2"轨道上的"图层 1/向日葵和树叶"素材,在弹出的快捷菜单中选择"速度/持续时间"命令,如图 4-93 所示,在弹出的"速度/持续时间"设置窗口中，将"持续时间"参数改为 2 秒，如图 4-94 所示。

图 4-92 "镜头 01"和"镜头 02"序列被添加到"电子相册"序列中

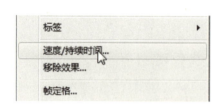

图 4-93 "速度/持续时间"命令　　　　图 4-94 将"持续时间"参数改为 2 秒

64．将"图层 1/向日葵和树叶"素材拖曳到"视频 1"轨道剪接点的上方，将剪接点覆盖住，如图 4-95 所示。

图 4-95 "图层 1/向日葵和树叶"素材覆盖住镜头的剪接点

65．选中"图层 1/向日葵和树叶"素材，打开"特效控制台"面板，展开"运动"参数组，将位置标尺移动到最左侧，单击"位置"参数左侧的"切换动画"按钮，进入动画模式，自动在位置标尺处新建关键帧，如图 4-96 所示。将"位置"参数设置为"-472.0，288.0"，如图 4-97 所示，让葵花位于节目监视窗可见区域的左侧。

图 4-96 单击"位置"参数左侧的"切换动画"按钮，自动在位置标尺处添加关键帧

图 4-97　设置首帧的关键帧参数

66．将位置标尺移动到素材的尾帧，单击"新建关键帧"按钮，如图 4-98 所示。将"位置"参数设为"1150.0，288.0"，如图 4-99 所示。让葵花从左向右横向运动，穿过画面，完成镜头转场。

图 4-98　单击"新建关键帧"按钮，在素材尾帧新建关键帧

图 4-99　设置尾帧的关键帧参数

67．制作完转场的画面效果如图 4-100 和图 4-101 所示。

图 4-100　葵花进入画面

图 4-101　葵花离开画面

△○ 添加背景音乐

68．将音乐背景素材"亲亲我的宝贝"导入，并将声音素材添加到序列"电子相册"的"音频 2"轨道上，如图 4-102 所示。

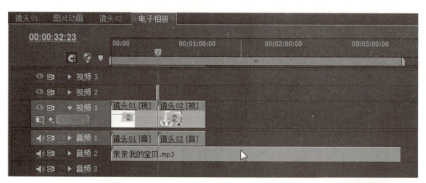

图 4-102　音频素材被添加到"音频 2"轨道上

69．将鼠标放在音频素材的尾部，待鼠标变形后，向左拖曳，以调整音频长度，如图 4-103 所示。

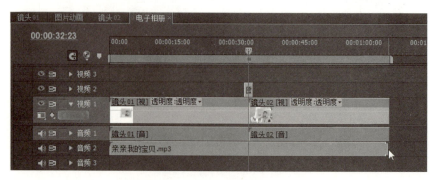

图 4-103　在序列中调整音频长度

70. 单击"效果"面板，找到"音频过渡"→"交叉渐隐"中的"指数型淡入淡出"特效，如图 4-104 所示。将该特效添加到音频的结尾处，如图 4-105 所示。

图 4-104　效果面板中的"指数型淡入淡出"特效

图 4-105　"指数型淡入淡出"特效被添加到音频的尾部

71. 将位置标尺放在音频素材的尾部，在英文输入法下，按大键盘上的"+"键，将剪接点放大，如图 4-106 所示。

图 4-106　位置标尺处显示被放大

72. 向左拖曳"指数型淡入淡出"特效左侧的起点，将特效持续时间延长，如图 4-107 所示，完成背景音频的制作。本任务制作完成。

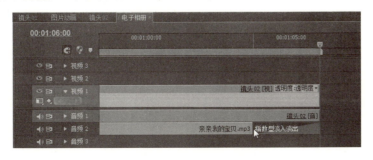

图 4-107　调整特效的持续时间

举 一 反 三

1. 使用本任务提供的素材，制作如图4-108所示的"镜头"画面。

图4-108 "镜头"画面

2. 给"镜头"画面制作字幕"亲亲我的宝贝"，如图4-109所示。

图4-109 "镜头"的字幕

3. 思考"镜头"制作好之后，如何与本任务中制作的"镜头02"衔接在一起，自己设定一种转场方式。

任务五
对话的剪辑

任务说明

本任务是剪辑一段双人对话，包括3段完整、连续拍摄的视频和1段不完整的补拍视频。对话的剪辑要控制好对话节奏，保证人物情绪起伏自然。另外，要适时地选择画面内容，保证最适合的镜头出现在最合适的位置上，多渠道地传达出对话的信息。

1号.mp4

2号.mp4

3号.mp4

3号-补.mp4

本任务素材

本任务素材位置：对话的剪辑\素材。

制作思路剖析

对话的长度很短，意思也很容易理解。3段完整的素材是连续拍摄的，中间没有停顿，可用多机位剪辑的方式一次粗剪完成，3号机位补拍的镜头可在最后添加上去。在剪辑的过程中需要注意的是音频的同步及声画的对位。拍摄时3个机位同时拾取声音，可借助波形进行同步。处理的难点在镜头选择上，要认真查看各个角度拍摄的画面，仔细分析对话内容，确定何种时机给出什么样的画面内容。

具体制作时，首先进行同步。要先在素材监视窗中粗略地确定素材的起点位置，然后在序列中精确定位,保证3个机位完全同步。然后在多机位监视窗中进行多机位切换,完成对话的粗剪。最后是精确地调整画面,把握好对话的节奏,完成对话的剪辑。

△○ 制作流程图

流程1　新建序列　　　　　　　　流程2　导入素材

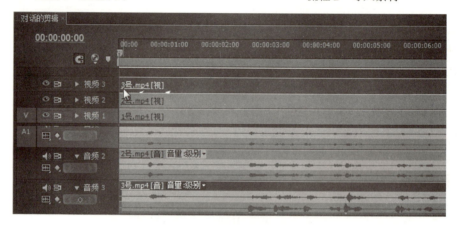

流程3　同步音频

流程4　启用多机位　　　　　　　流程5　打开多机位监视窗

流程6　多机位切换

任务五　对话的剪辑

流程 7　精剪

流程 8　添加补拍镜头

流程 9　调整音频

流程 10　完成剪辑

- "音频增益"的应用
- 使用音频波形进行同步的方法
- "多机位监视窗"的应用
- "提取"按钮的应用
- "调音台"的使用
- 动作的剪辑
- 序列的嵌套

重要知识点解析

△○ 多机位剪辑

在拍摄中小型的文艺演出、舞台剧或简单的对话场景时，为了满足景别和拍摄角度的需要，会用到多台摄像机同时进行拍摄，镜头完整、连贯，以提高拍摄效率，如知识点解析 1 所示。

后期制作时，运用 Premiere 等非线性编辑软件模拟电子现场制作（EFP），完成对作品剪

145

辑的过程称为多机位剪辑。

电子现场制作是一整套设备连接而成的一个拍摄和编辑系统，是进行现场实况拍摄和现场实时编辑的节目生产方式。体育赛事或大型演出的直播往往采用这种制作方式。

同步

多个设备一起工作并对时间有精确要求时，就需要在它们之间进行同步。同步是指在多个设备之间规定一个共同的时间参考，以保证步调实时一致。

Premiere 中同步是保证多个视、音频在监视窗中同时播放、同时显示，以方便实时切换不同角度、不同机位的画面。

Premiere 中可以选择 4 种同步点，如知识点解析 2 所示。

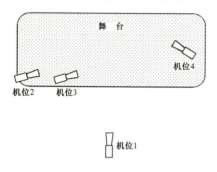

知识点解析 1　用 4 台机位拍摄舞台场景　　　　知识点解析 2　Premiere 中可选择的 4 种同步点

音频电平表

音频电平表是音频设备中用于显示音频信号电平的仪表，大多是硬件化的。随着计算机技术的发展，虚拟化的电平表逐渐增多，指示功能越来越丰富，电平表的身影随处可见。

Premiere 中的音频电平表如知识点解析 3 所示，主要用来监控声音电平是不是符合标准，声音声道之间的音量是否平衡。dB 是分贝，英文 decibel 或 decimal Bel 的缩写。

动作的剪辑

当用两个或者多个镜头拍摄一个完整的动作时，动作的前半部分在上一个镜头中，后半部分在下一个镜头中，为了保证动作的连贯，要恰当地选择剪接点。

本任务中人物有位置上的移动，处理起来一般遵循剪辑功力超群的傅正义老师提出的人物动作不出画、不进画的原则，即上一个镜头人物动作不完全出画面切换，下个镜头主体动作进入画后切用，如知识点解析 4 所示。

知识点解析 3　Premiere 中的音频电平表

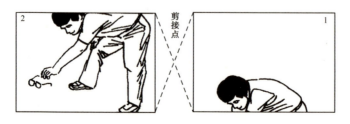

知识点解析 4　1 号镜头人物动作没有出画，接已经入画的 2 号镜头人物

新建序列，导入素材

1．启动 Premiere Pro CS6 软件，单击"新建项目"按钮，在"新建项目"窗口中创建名称为"对话的剪辑"的项目文件，如图 5-1 所示。单击"确定"按钮，进入"新建序列"窗口。

2．在"新建序列"窗口的"有效预设"栏里，选择"DV-PAL"中的"宽银幕 48kHz"，如图 5-2 所示。在"新建序列"窗口下方的"序列名称"处输入"对话的剪辑"，如图 5-3 所示，单击"确定"按钮，进入编辑界面。

图 5-1 在"新建项目"窗口中设置项目名称　　　　图 5-2 设置项目的格式

图 5-3 将序列命名为"对话的剪辑"

3．双击"项目：对话的剪辑"窗口的空白位置，打开"导入"窗口，在"对话的剪辑\素材"中，单击任意一个素材，按"Ctrl"+"A"组合键选中所有的素材，如图 5-4 所示。单击"打开"按钮，将素材导入。导入素材后的项目窗口如图 5-5 所示。

图 5-4 选中所有素材　　　　　　　　　图 5-5 导入项目窗口中的素材

4. 依次预览素材，熟悉对话内容，了解拍摄方式和拍摄角度，拟订剪辑思路和剪辑方式。

△○ 同步音频

5. 双击项目窗口中的"1号"素材，将其添加到素材监视窗。在英文输入法下按"L"键播放。播放时，当出现导演喊"3、2、1"之后，按"K"键暂停。按"I"键打入点，如图5-6所示。

图5-6 在导演喊"3、2、1"之后按"I"键打入点

6. 将鼠标放在素材监视窗中，拖曳打好入点的"1号"素材到序列中，如图5-7所示。

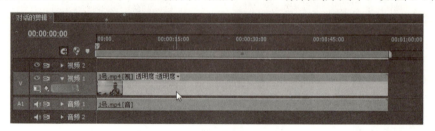

图5-7 序列中的背景音乐素材

7. 单击序列中"音频1"轨道上的"折叠-展开轨道"小三角，如图5-8所示，展开"音频1"轨道，如图5-9所示。

图5-8 "折叠-展开轨道"小三角

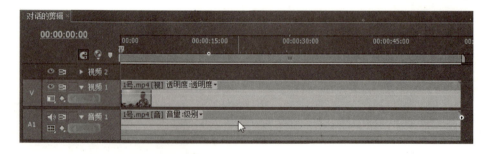

图5-9 "音频1"轨道被展开

8. 在"1号"素材的音频上右击，在弹出的快捷菜单中选择"音频增益"命令，如图5-10所示。在弹出的"音频增益"窗口中，将"设置增益为"项设置为"15"，如图5-11所示，单击"确定"按钮。

图 5-10 "音频增益"命令

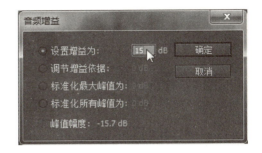
图 5-11 将增益设置为 15dB

9. 设置好音频增益后的音频素材上显示出比较明显的音频波形，如图 5-12 所示，它们是同步的重要依据。

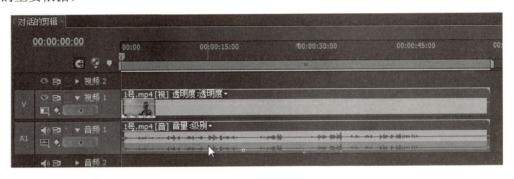
图 5-12 设置好音频增益后的音频素材上显示出明显的音频波形

10. 在英文输入法下，按键盘上的"+"键，将位置标尺处的时间线放大，使导演声音"开始"的波形较明显地显示出来，如图 5-13 所示。

11. 双击项目窗口中的"2 号"素材，将其添加到素材监视窗。在英文输入法下，按"L"键播放。播放时，当出现导演喊"3、2、1"之后，按"K"键暂停。按"I"键打入点，如图 5-14 所示。

图 5-13 声音"开始"的波形

图 5-14 在导演喊"3、2、1"之后按"I"键打入点

12. 将鼠标放在素材监视窗中，拖曳打好入点的"2 号"素材到序列中的"视频 2"轨道

上，如图 5-15 所示。

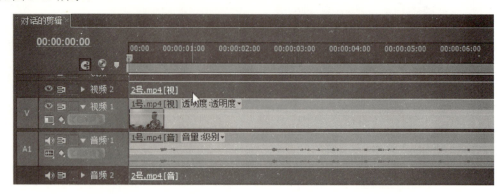

图 5-15　"2 号"素材被添加到序列中的"视频 2"轨道上

13．单击"音频 2"轨道上的"折叠-展开轨道"小三角，显示"2 号"素材的音频波形，如图 5-16 所示。

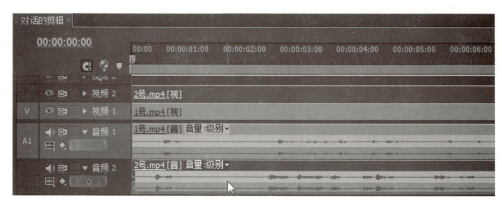

图 5-16　显示"2 号"素材的音频波形

14．拖曳"2 号"素材，改变素材起点在轨道中的位置，使"2 号"素材声音"开始"的波形与"1 号"素材的波形重合，如图 5-17 所示。

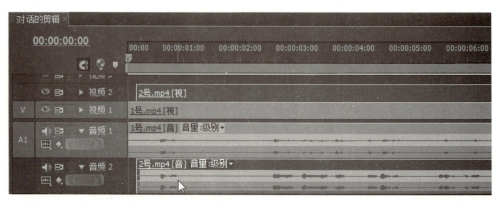

图 5-17　"2 号"素材的音频波形与"1 号"素材的重合

15．按"L"键播放序列中的素材，听声音是否有先后。若有，要微调素材的位置，直到声音完全重合为止。

16. 用同样的方法,将"3 号"素材添加到序列的"视频 3"轨道上,显示出波形,调整"3 号"素材的位置,使 3 段素材的声音完全重合,如图 5-18 所示。

图 5-18　调整 3 段素材,使声音完全重合

17. 向左拖曳"2 号"素材和"3 号"素材的起点,使 3 段素材在序列中的起点时间一致,但相对位置不变,如图 5-19 所示。

图 5-19　使 3 段素材起点时间一致

18. 框选序列中的 3 段素材,右击,在弹出的快捷菜单中选择"同步"命令,如图 5-20 所示。在弹出的"同步素材"窗口中,将同步点设为"素材开始",如图 5-21 所示,单击"确定"按钮。

图 5-20　"同步"命令

图 5-21　将同步点设为"素材开始"

◇○ 启用多机位

19．在项目窗口中右击，在弹出的快捷菜单中选择"新建分项"→"序列"命令，如图 5-22 所示，新建一个名称为"切换"，格式为"宽银幕 48kHz"的序列。

图 5-22　"序列"命令

20．拖曳项目窗口中的序列"对话的剪辑"到序列"切换"的"视频1"轨道上，如图 5-23 所示。

图 5-23　"对话的剪辑"序列位于"视频1"轨道上

21．选中序列中的"对话的剪辑"，右击，在弹出的快捷菜单中选择"多机位"→"启用"命令，如图 5-24 所示。

图 5-24　"启用"命令

◇○ 打开多机位监视窗

22．选择菜单中的"窗口"→"多机位监视器"命令，如图 5-25 所示，打开多机位监视窗，如图 5-26 所示。多机位监视窗左侧显示的是 3 个机位的画面，右侧显示的是切换输出的画面，即剪辑好的画面。利用这种切换的方式，可以实时切换各机位的画面，做到实时地编辑输出。

图 5-25　"多机位监视器"命令

图 5-26　多机位监视窗

23. 单击水平方向的第二个画面，如图 5-27 所示，让第二个画面高亮显示，将其作为镜头的第一个画面。音频选用左上角那个镜头的音频，在多机位监视窗中，定位为音频 1，如图 5-28 所示。

图 5-27　第二个画面高亮显示　　　　　图 5-28　选用左上角音频 1 的音频

△○ **多机位切换**

24. 单击多机位监视窗下方的"播放"按钮，听对话内容，单击某一机位画面，根据对话的内容，选择机位的画面，实时地完成切换。切换好后关闭多机位监视窗，此时序列上出现很多剪接点，如图 5-29 所示，完成对话的粗剪。

图 5-29　多机位切换后，序列中出现多个剪接点

25. 若不满意粗剪的切换，按"Ctrl"+"Z"组合键，撤销刚才的操作。再次打开多机位监视器，重新切换。

△○ **精剪**（由于在上一步骤中切换的位置不同，精剪的操作细节不一样，但是思路和操作方法是一样的）

26. 单击工具栏中的"滚动编辑工具"，如图 5-30 所示。将鼠标移动到第三个剪接点处，按住鼠标，并向左拖曳，改变剪接点的位置，如图 5-31 所示。监视窗画面如图 5-32 所示，调整后，让人物运动组接得更顺畅。使用完"滚动编辑工具"后，单击工具栏中的"选择工具"，释放鼠标。

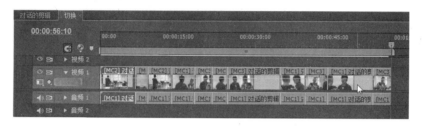

图 5-30　滚动编辑工具　　　　图 5-31　使用"滚动编辑工具"调整剪接点位置

27. 继续播放序列中粗剪的镜头，第五个镜头在切换的时候点错了，即错将单击 3 机位画面单击成 2 机位画面了。按住"Alt"键，同时单击该镜头，只选中该镜头的视频部分。右击，

在弹出的快捷菜单中选择"多机位"→"摄像机 3"命令,如图 5-33 所示,这样便调整了机位的序列,如图 5-34 所示。

图 5-32　滚动编辑时监视窗的画面

图 5-33　在快捷菜单中切换机位

图 5-34　序列中通过快捷菜单切换的镜头

28. 继续向后播放序列中粗剪的镜头,将较长的镜头中间切换一下,如图 5-35 所示。

29. 单击工具栏中的"剃刀工具",如图 5-36 所示。将鼠标移动到镜头上需要切换的位置,单击将完整的镜头切断,如图 5-37 所示。使用完"剃刀工具"后,单击工具栏中的"选择工具",释放鼠标。

图 5-35　切换序列中较长的镜头　　　　　　　图 5-36　剃刀工具

图 5-37　序列中较长的镜头被切断

30. 按住"Alt"键的同时,单击后一段需要切换的镜头,只选中其视频部分。右击,在弹出的快捷菜单中选择"多机位"→"摄像机1"命令，完成镜头的切换，如图5-38所示。

图5-38　序列中较长的镜头被切换成两个镜头

31．使用以上提到的3种精剪的方法，可精确地调整每个剪接点。

32．单击时间线窗口中的"对话的剪辑"栏，如图5-39所示，切换到"对话的剪辑"序列。

33．按"Alt"键的同时，单击"对话的剪辑"序列中"音频3"轨道上"3号"素材的音频，单独选中该音频，如图5-40所示。按"Ctrl"+"C"组合键，复制该音频。

图5-39　"对话的剪辑"栏

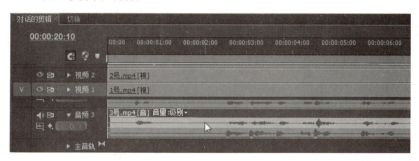

图5-40　选中"3号"素材的音频

34．单击时间线窗口中的"切换"栏，切换到"切换"序列。将该序列的位置标尺移动到最左端，单击序列中的"音频1"轨道，取消选中该轨道，单击序列中的"音频2"轨道，选中该轨道，如图5-41所示。

图5-41　选中"音频2"轨道

35．按"Ctrl"+"V"组合键，将复制好的音频文件粘贴到选中的"音频2"轨道上，如图5-42所示。

图 5-42　"3 号"素材的音频被粘贴到"音频 2"轨道上

36．单击"音频 1"轨道上的"切换轨道输出"开关，将"音频 1"轨道上的声音关掉，如图 5-43 所示。播放序列中的视频，预览剪辑好的画面和声音。

△○ 添加补拍镜头

37．将序列"切换"上的位置标尺移动到 38 秒 20 帧处，如图 5-44 所示，此时画面中的人物还没有说话，如图 5-45 所示。

图 5-43　关掉"音频 1"轨道上的声音

图 5-44　位置标尺被移动到 38 秒 20 帧处

38．双击项目窗口中的"3 号-补"素材，将其添加到素材监视窗。在 13 秒 06 帧处，按"I"键打入点，在 19 秒 12 帧处，按"O"键打出点，如图 5-46 所示。

39．将鼠标放在素材监视窗中，拖曳入、出点之间的段落到序列的位置标尺之后，如图 5-47 所示。

图 5-45　38 秒 20 帧处的画面　　图 5-46　在"3 号-补"素材上打入、出点

图 5-47　入、出点之间的素材被添加到序列位置标尺之后

40．单击添加进序列中的"3 号-补"素材的音频，垂直向下拖曳，将音频拖曳到"音频 2"轨道上，如图 5-48 所示。

图 5-48　"3 号-补"素材的音频被添加到"音频 2"轨道上

41．继续播放素材监视窗中的 3 号-补"素材，在 25 秒 11 帧处按"I"键打入点，如图 5-49 所示。

图 5-49　在"3 号-补"素材上按"I"键打入点

42．将序列中的位置标尺移动到 52 秒 19 帧处，如图 5-50 所示。调整后的画面如图 5-51 所示，人物转身后刚要走出画面。

图 5-50　将位置标尺移动到 52 秒 19 帧处

图 5-51　人物转身后刚要走出画面

43．将鼠标放在素材监视窗中，拖曳入点之后的素材到序列的位置标尺之后，如图 5-52 所示。

图 5-52　入点之后的素材被添加到序列位置标尺之后

44．单击新添加进序列中的"3 号-补"素材的音频，垂直向下拖曳，拖曳音频到"音频 2"轨道上，如图 5-53 所示。

图 5-53　"3 号-补"素材的音频被拖曳到"音频 2"轨道上

45．预览一遍剪辑好的序列画面，感受剪辑的节奏。对话间距长的要剪得紧凑一些。将序列中的位置标尺移动到 33 秒 20 帧，在英文输入法下，按"I"键打入点，在 34 秒 10 帧处，按"O"键打出点，如图 5-54 所示。

图 5-54　在序列中打好入、出点

46．单击节目监视窗下方的"提取"按钮，如图 5-55 所示，将序列中入、出点之间的部分提取出来，在序列上留下一个剪接点，如图 5-56 所示。

图 5-55　"提取"按钮　　　　　　　　图 5-56　入、出点之间的部分被提取出来

47．在剪接点左侧单击鼠标，将位置标尺移动到剪接点左侧，按"L"键播放，预览剪接点处画面。由于镜头中间的一段被提取出来，剪接点处的画面有明显的跳跃。单击产生跳跃的小视频段落，选中，按"Delete"键，将其删除，如图 5-57 所示。

图 5-57　将跳跃的小视频段落删除

48．单击工具栏中的"滚动编辑工具"，单击提取产生的剪接点，并向右拖曳，如图 5-58 所示，一直拖曳到右侧的剪接点处，将空白处填平，如图 5-59 所示。经过处理，对话的节奏加快了，冲突加强了。用同样的方法处理需加强冲突的其他剪接点。

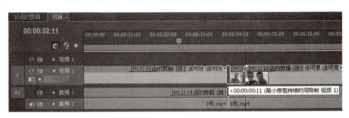

图 5-58　用"滚动编辑工具"提取剪接点并向右拖曳

图 5-59　将剪接点拖曳到右侧的剪接点处

调整音频

49．预览序列中的镜头发现音频电平表上的电平已经超标，出现红色提示，如图 5-60 所示。

50．单击素材监视窗标题栏上的"调音台：切换"栏，如图 5-61 所示。打开调音台面板，如图 5-62 所示。将调音台上"音频 2"轨道上的推子向下拉动 9.4dB，如图 5-63 所示。

图 5-60　音频电平表上出现红色提示　　图 5-61　监视窗标题栏上的"调音台：切换"栏

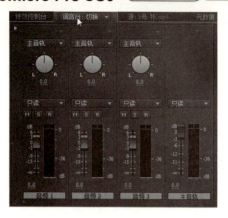

图 5-62　调音台面板

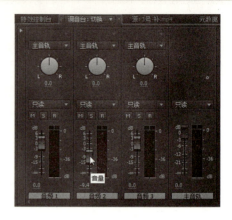

图 5-63　调整"音频 2"轨道的音量

51．在序列起点处打入、出点，标记好要删除的段落，如图 5-64 所示，用"提取"工具，将导演喊的"开始"删除。

图 5-64　用入、出点标记要删除的段落

52．用同样的方法删除序列结尾处多余的段落，完成对话的剪辑。

举 一 反 三

1．和同学一起写一段简单的对话，用 3 个机位拍下来，用本任务提到的方法，重新做一次多机位剪辑。

2．思考一下，除了用声音进行同步外，还可以用什么其他的方法。会使用两种以上同步的方法对制作很有帮助。

3．在剪辑对话时，怎么去控制语言的节奏？怎么去强化人物的情绪？

4．剪辑对话时，谁讲话就用谁的画面吗？在对话的过程中，还可以插入什么样的镜头？

任务六
学校专题片的制作

任务说明

本任务是为大连医科大学专题片制作开场片头，包括 5 段视频、2 段音频。专题片的制作，解说和背景音乐要协调一致，画面节奏要明快，场景要恢宏大气，体现出学校的综合实力和风貌。

背景音乐.wav　　大连.mov　　海浪.mov　　配音.wav　　校门.mov　　医大01.mov　　医大02.mov

本任务素材

本任务素材位置：专题片的制作\素材。

制作思路剖析

本任务要熟悉素材的内容。首先是听解说，熟悉解说的内容，然后是感受背景音乐的节奏，最后要浏览视频画面，了解素材画面信息、画面的清晰度和质量。通过浏览素材要在脑子里形成初步制作方案。

具体制作时，首先，制作音频，根据音频的背景音乐，确定解说的节奏，将解说合理地与背景音乐搭配。其次，依据解说的内容，选择合适的镜头画面，给镜头制作转场，完成画面的粗剪。再次，通过对画面的调整去除画面的瑕疵，修正画面颜色。最后，制作字幕，增加光斑，完成专题片的制作。

制作流程图

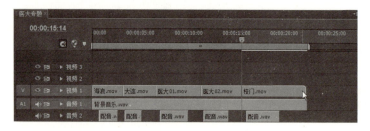

流程 1　编辑音频

流程 2　剪辑视频

流程 3　修饰、美化画面

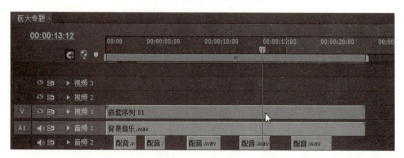

流程 4　视频嵌套

流程 5　给画面加遮幅

流程 6　为最后镜头做"摄像机模糊"

流程 7　制作字幕

流程 8　给画面加光斑

技术要点

- 音量的调整技巧
- 音频的剪辑
- 修饰画面的技巧
- 使用"亮度曲线"调整画面亮度
- "闪黑"技巧的应用
- "裁剪"的应用
- "摄像机模糊"的应用

- "预设"文件夹中效果的应用
- "镜头光晕"的应用
- "快速模糊入"的应用

重要知识点解析

"亮度曲线"特效

"亮度曲线"特效在"视频特效"的"色彩校正"文件夹中,如知识点解析 1 所示。该特效可以对视频素材片段的整个色调范围或选中的某个范围进行调节。"亮度曲线"的调节会影响画面的亮度,进而影像画面的对比度。

将"亮度曲线"特效拖曳到素材上,打开"效果控制台"面板,"亮度曲线"特效的参数如知识点解析 2 所示。"亮度波形"是"亮度曲线"特效的主要调节参数,在"亮度波形"图中斜线的右上角控制画面的亮部,左下角控制

知识点解析 1 "效果"面板中的"亮度曲线"特效

画面的暗部,中间控制画面的中灰度区域。"亮度波形"图中的斜线最多可以增加 16 个控制点,通过控制点可以对画面的整个色彩范围进行调节。

单击"亮度波形"图中的斜线,增加控制点,控制斜线的形状,如知识点解析 3 所示。上弧形的曲线使该亮度区域的亮度增大,而下弧形的曲线则使该亮度区域的亮度减小。调整前和调整后的画面如知识点解析 4 所示。

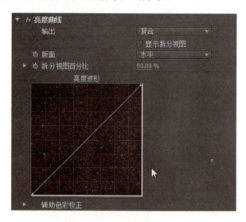

知识点解析 2 "亮度曲线"特效的参数

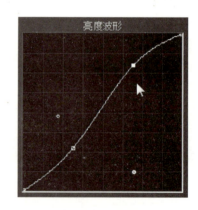

知识点解析 3 调整斜线的形状

知识点解析 4 左侧是调整前的画面,右侧是调整后的画面

"摄像机模糊"特效

"摄像机模糊"特效在"视频特效"的"模糊与锐化"文件夹中，如知识点解析 5 所示。该特效可以产生图像离开摄像机焦点范围时所产生的"虚焦"效果。

将"摄像机模糊"特效拖曳到序列中的视频素材上，特效默认的"模糊百分比"是 25。可以单击右上角的"设置"按钮，如知识点解析 6 所示，打开"摄像机模糊设置"窗口，一边调整"模糊百分比"参数，一边监看镜头画面的模糊程度，如知识点解析 7 所示。

知识点解析 5　"摄像机模糊"特效　　　知识点解析 6　"设置"按钮　　　知识点解析 7　"摄像机模糊设置"窗口

操作步骤

新建项目

1．启动 Premiere Pro CS6 软件，单击"新建项目"按钮，在"新建项目"窗口中创建名称为"专题片制作"的项目文件，如图 6-1 所示。单击"确定"按钮，进入"新建序列"窗口。

2．在"新建序列"窗口的"序列预设"栏里，选择"DV-PAL"中的"标准 48kHz"，如图 6-2 所示。在"新建序列"窗口下方的"序列名称"处输入"医大专题"，如图 6-3 所示，单击"确定"按钮，进入编辑界面。

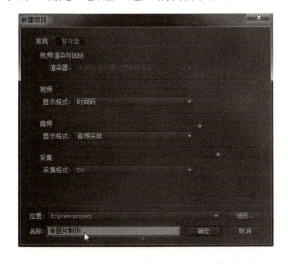

图 6-1　在"新建项目"窗口中设置项目名称　　　　图 6-2　设置项目的格式

图 6-3 将序列命名为"医大专题"

3．双击"项目：专题片制作"窗口的空白位置，打开"导入"窗口，在"专题片的制作\素材"中，单击任意一个素材，按"Ctrl"+"A"组合键，选中所有素材，如图 6-4 所示，单击"打开"按钮，导入素材。

图 6-4 选中所有素材

4．导入素材后的项目窗口如图 6-5 所示。素材包括 2 段音频、5 段视频画面。浏览素材，熟悉画面的内容、配音的内容和配乐的节奏。

编辑音频

5．双击项目窗口中的"背景音乐"素材，将素材添加到素材监视窗，按"L"键播放。音乐分两个段落，后一个段落比较有力，节奏鲜明，颇有气势，则作为专题片的背景音乐。将素材监视窗的位置标尺移动到 30 秒 07 帧处，按"I"键打入点，如图 6-6 所示。

图 6-5 导入素材后的项目窗口

图 6-6 素材监视窗下方的入点标记

6．将鼠标放在素材监视窗下方的"仅拖动音频"按钮上，如图 6-7 所示。将入点之后的音频拖曳到序列"医大专题"的"音频 1"轨道上，如图 6-8 所示。按"L"键播放序列中的音频。音乐的起点若不满意，可逐帧调整。

图 6-7　素材监视窗下方的"仅拖动音频"按钮

图 6-8　入点后的音频被添加到"音频 1"轨道上

7. 双击项目窗口中的"配音"素材，将其添加到素材监视窗，按"L"键播放，听解说的内容。在素材时间码的"05:09:35:05"处按"I"键打入点，如图 6-9 所示。在素材时间码的"05:09:49:01"处按"O"键打出点，如图 6-10 所示。

图 6-9　素材监视窗下方的入点标记

图 6-10　素材监视窗下方的出点标记

8. 将鼠标放在素材监视窗下方的"仅拖动音频"按钮上，将入、出点之后的音频拖曳到序列"医大专题"的"音频 2"轨道上，如图 6-11 所示。

图 6-11　配音素材被添加到"音频 2"轨道上

9. 通过对两个音频文件长度的对比可以看出，解说内容的持续时间较短。按"L"键播放，听当前混合的效果。当前的解说没有起伏，而背景音乐有较为明显的节奏变化。单击序列中的

"配音"素材，按"Delete"键，将"配音"素材从序列中删除，如图6-12所示。

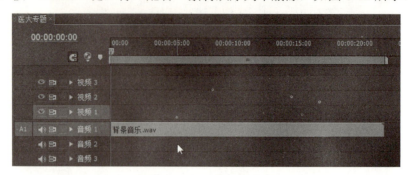

图6-12　配音素材被从"音频2"轨道上删除

10．双击项目窗口中的"配音"素材，将素材添加到素材监视窗，按"L"键播放，在解说内容的起点处按"I"键打入点，在第一句解说结束处按"O"键打出点，如图6-13所示。

图6-13　用入、出点限定第一句解说

11．将序列的位置标尺移动到第18帧处，如图6-14所示，用位置标尺做定位点，方便添加素材。

图6-14　位置标尺被移动到第18帧处

12. 将鼠标放在素材监视窗下方的"仅拖动音频"按钮上，将入、出点之间的音频拖曳到序列"音频2"轨道的位置标尺之后，如图6-15所示。

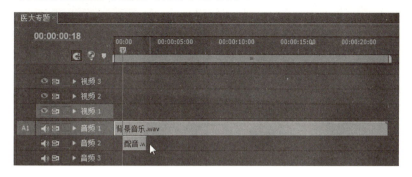

图6-15　第一句解说被添加到"音频2"轨道的位置标尺之后

13. 在第二句解说内容的起点和终点处分别按"I"键打入点、按"O"键打出点，如图6-16所示。

图6-16　用入、出点限定第二句解说

14. 将序列的位置标尺移动到3秒10帧处，如图6-17所示。将鼠标放在"仅拖动音频"按钮上，拖曳入、出点之间的音频到"音频2"轨道的位置标尺之后，如图6-18所示。

图6-17　位置标尺被移动到3秒10帧处

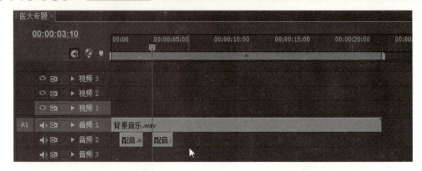

图 6-18　第二句解说被添加到"音频 2"轨道的位置标尺之后

15．用同样的方式，将第三句、第四句、第五句分别添加到"音频 2"轨道的 7 秒 01 帧、11 秒 14 帧、16 秒处，如图 6-19 所示。将位置标尺移动到序列的首帧，按"L"键播放音频，感受解说和画面的节奏，若不合适，可做微量调整。

图 6-19　第三～第五句解说被添加到"音频 2"轨道上

16．选择菜单中的"窗口"→"调音台"→"医大专题"命令，打开调音台面板，如图 6-20 所示。将"音频 2"轨道的推子向上推 3dB，如图 6-21 所示。播放序列中的音频，看调音台中的电平表，如图 6-22 所示，确保电平表中没有红色出现。

图 6-20　调音台面板　　图 6-21　向上推"音频 2"轨道的推子　　图 6-22　电平表没有红色告警

剪辑视频

17．将位置标尺移动到序列的最左边。在项目窗口中双击"海浪"素材，将素材添加到素材监视窗中。按"L"键播放,在 5 秒 14 帧处按"I"键打入点,如图 6-23 所示。

图 6-23　在素材的 5 秒 14 帧处按"I"键打入点

18．将鼠标放在素材监视窗下方的"仅拖动视频"按钮上,如图 6-24 所示。拖曳入点之后的视频到"视频 1"轨道的起点处,如图 6-25 所示。调整后,镜头的持续时间有些长,添加完第二个镜头后,多余的部分会被覆盖。

图 6-24　"仅拖动视频"按钮

图 6-25　"海浪"镜头被添加到"视频 1"轨道的起点处

19．按"L"键播放序列中的镜头,在 3 秒 05 帧处按"I"键打入点,如图 6-26 所示。在该点之后添加第二个镜头。

20．在项目窗口中双击"大连"素材,将其添加到素材监视窗中。按"L"键播放,在 1 秒处按"I"键打入点,在此镜头停止处按"O"键打出点,如图 6-27 所示。

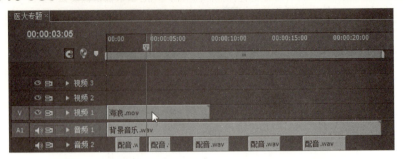

图 6-26 在序列的 3 秒 05 帧处按 "I" 键打入点

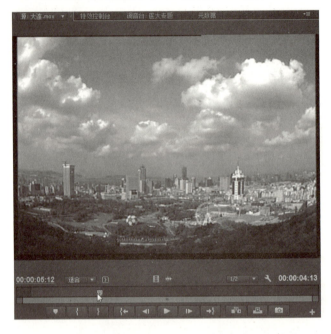

图 6-27 在素材监视窗中用入、出点限定一段镜头

21. 将鼠标放在素材监视窗下方的"仅拖动视频"按钮上，拖曳入、出点之间的视频到序列入点之后，如图 6-28 所示。

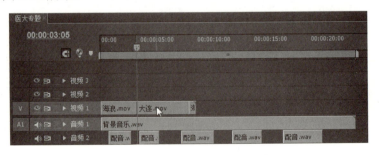

图 6-28 "大连"素材被添加到序列的入点之后

22. 按"L"键播放序列中的镜头，预览编辑好的两个镜头的画面，在 6 秒 16 帧处按"I"键打入点，如图 6-29 所示。在该点之后添加第三个镜头。

23. 在项目窗口中双击"医大 01"素材，将其添加到素材监视窗中。按"L"键播放，在 4 秒 17 帧处按"I"键打入点，如图 6-30 所示。

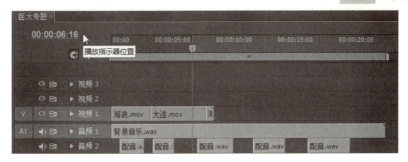

图 6-29 在序列的 6 秒 16 帧处按 "I" 键打入点

图 6-30 在素材的 4 秒 17 帧处按 "I" 键打入点

24. 将鼠标放在素材监视窗下方的"仅拖动视频"按钮上,拖曳入点之后的视频到序列入点之后,如图 6-31 所示。

图 6-31 "医大 01"素材被添加到序列入点之后

25. 按"L"键播放序列中的镜头,预览编辑好的画面,在 11 秒 08 帧处按"I"键打入点,如图 6-32 所示。在该点之后添加第四个镜头。

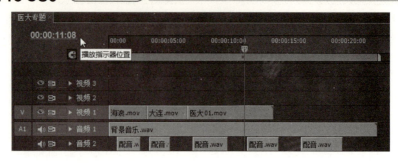

图 6-32　在序列的 11 秒 08 帧处按 "I" 键打入点

26．双击项目窗口中的 "医大 02" 素材，将其添加到素材监视窗中。按 "L" 键播放，在 6 秒 01 帧处按 "I" 键打入点，如图 6-33 所示。

图 6-33　在素材的 6 秒 01 帧处按 "I" 键打入点

27．将鼠标放在素材监视窗下方的 "仅拖动视频" 按钮上，拖曳入点之后的视频到序列入点之后，如图 6-34 所示。

图 6-34　"医大 02" 素材被添加到序列的入点之后

28．按 "L" 键播放序列中的镜头，预览编辑好的画面，在 15 秒 14 帧处按 "I" 键打入点，如图 6-35 所示。在该点之后添加最后一个镜头。

图 6-35　在序列的 15 秒 14 帧处按 "I" 键打入点

29．双击项目窗口中的 "校门"素材，将其添加到素材监视窗。按 "L" 键播放，在 10 秒 11 帧处按 "I" 键打入点，如图 6-36 所示。

图 6-36　在素材的 10 秒 11 帧处按 "I" 键打入点

30．将鼠标放在素材监视窗下方的"仅拖动视频"按钮上，拖曳入点之后的视频到序列入点之后，如图 6-37 所示。

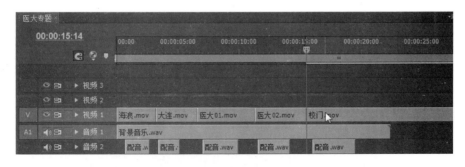

图 6-37　"校门"素材被添加到序列的入点之后

31．将鼠标放在最后一段视频的尾部，当鼠标变形后向左拖曳，使视频的长度和音频长度一样，如图 6-38 所示。

图 6-38　调整"校门"素材的时间长度

修饰、美化画面

32．将序列的位置标尺移动到最左端，播放序列中的素材，则发现第二个、第三个、第四个、第五个镜头左右都有黑边。图 6-39 展示的是第二个镜头的黑边。调整缩放比例，将黑边去掉。

33．选中序列中的"大连"镜头，按"Shift"+"5"组合键，打开"特效控制台"面板。展开"运动"参数组，将"缩放比例"参数调整为"103.0"，如图 6-40 所示。调整后"大连"镜头在节目监视窗中的画面如图 6-41 所示，画面左右的黑边被去掉。

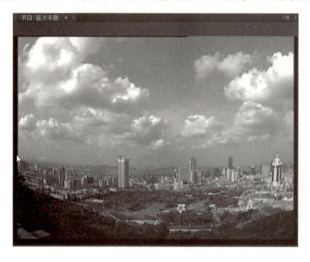

图 6-39　画面左右两边有黑边

图 6-40　将"缩放比例"参数调整为"103.0"

图 6-41　画面左右的黑边被去掉

34. 右击序列中的"大连"镜头,在弹出的快捷菜单中选择"复制"命令,如图 6-42 所示。右击序列中的"医大 01"镜头,在弹出的快捷菜单中选择"粘贴属性"命令,如图 6-43 所示。此时镜头"医大 01"的画面如图 6-44 所示。左右的黑边被去掉。

图 6-42　"复制"命令　　　　　　　　　图 6-43　"粘贴属性"命令

图 6-44　"医大 01"镜头左右的黑边被去掉

35. 用同样的方法将序列中"医大 02"和"校门"镜头左右两边的黑边去掉。"校门"镜头如图 6-45 所示。

图 6-45　"校门"镜头左右的黑边被去掉

36．按"Shift"+"7"组合键，打开"效果"面板，展开"视频切换"文件夹前的小三角，将"叠化"文件夹中的"交叉叠化（标准）"特效（见图6-46）拖曳到序列海浪镜头的起点处，如图6-47所示。

图6-46　"交叉叠化（标准）"特效　　图6-47　"交叉叠化（标准）"特效被添加到序列起点处

37．拖曳"叠化"文件夹中的"黑场过渡"（见图6-48）到序列的4个剪接点上，如图6-49所示。背景音乐有节奏的变化，用"黑场过渡"特效让画面也出现节奏的变化，使之与音乐节奏匹配。

图6-48　"叠化"文件夹中的"黑场过渡"特效

图6-49　给剪接点添加"黑场过渡"特效

38．单击"效果"面板，在"效果"面板的搜索栏中输入"亮度曲线"，找到"色彩校正"文件夹下的"亮度曲线"特效，如图6-50所示。

39．将"亮度曲线"特效拖曳到序列中的"大连"镜头上，打开"特效控制台"面板，展开"亮度曲线"参数组参数，在亮度波形曲线的右上方单击，增加一个控制点，如图6-51所示。

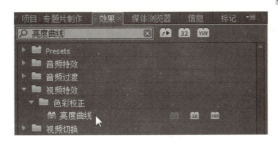

图 6-50　"色彩校正"文件夹中的"亮度曲线"特效

40．同样的方法在亮度波形曲线的左下方增加一个控制点，并向下拉动一点，如图 6-52 所示。降低画面中灰度亮度点的亮度。调整后的画面（见图 6-53）比调整前的画面（见图 6-54）有明显改善。用同样的方法可对其他镜头做同样的调整。

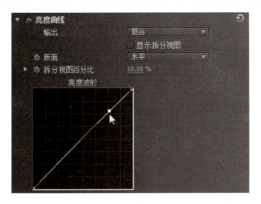

图 6-51　在亮度波形曲线的右上方增加控制点

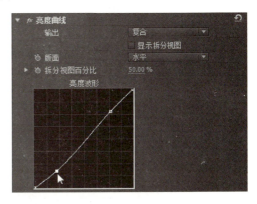

图 6-52　在亮度波形曲线的左下方增加控制点

图 6-53　调整后的画面

41．在序列中，移动位置标尺到第四个镜头，如图 6-55 所示。调整后的节目监视窗画面如图 6-56 所示，画面四角有明显的暗角。

图 6-54 调整前的画面

图 6-55 位置标尺被移动到序列的第四个镜头

图 6-56 镜头画面四角有明显的暗角

视频嵌套

42．单击序列，让序列处于激活状态，按"Ctrl"+"A"组合键，选中序列中的所有素材，如图 6-57 所示。

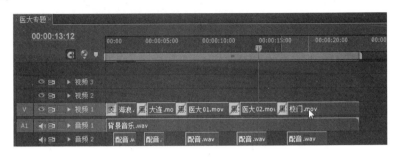

图 6-57　序列中的所有素材都被选中

43．右击选中的视频素材，在弹出的菜单中选择"嵌套"命令，如图 6-58 所示。此时所有的视频镜头都组合成一个名称为"嵌套序列 01"的镜头，如图 6-59 所示。

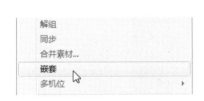 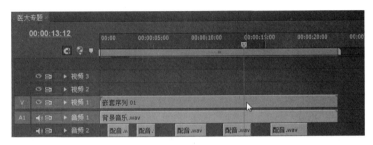

图 6-58　"嵌套"命令　　　　　　　　　图 6-59　原有的素材都被"嵌套序列 01"取代

给画面加遮幅

44．单击"效果"面板，在搜索栏中输入"裁剪"，找到"变换"文件夹下的"裁剪"特效，如图 6-60 所示。

45．将"裁剪"特效拖曳到序列中的"嵌套序列 01"镜头上，打开"特效控制台"面板，展开"裁剪"参数组参数，将"顶部"参数调整为"14.0%"，"底部"参数调整为 14.0%，如图 6-61 所示。调整后的"节目监视窗"画面如图 6-62 所示，画面带黑色遮幅。

图 6-60　"变换"文件夹下的"裁剪"特效　　　图 6-61　"裁剪"特效的参数设置

46．将位置标尺移动到序列的最左边，按"L"键播放，预览画面。此时 13 秒处的"医大 02"镜头如图 6-63 所示，画面中的人物只有头部，影响了画面的整体效果。

图 6-62　裁剪后的节目监视窗画面

图 6-63　在 13 秒处的"医大 02"画面效果

47. 双击序列中的"嵌套序列 01"镜头，进入"嵌套序列 01"序列，如图 6-64 所示。

图 6-64　时间线窗口中的"嵌套序列 01"

48．单击序列中的"医大 02"镜头，将其选中，打开"特效控制台"面板，将"运动"参数组中的"位置"参数调整为"360.0，238.0"，如图 6-65 所示。调整后的节目监视窗画面如图 6-66 所示，画面位置向上移动。

图 6-65　调整"位置"参数　　　　　　　　图 6-66　调整后的节目监视窗画面

49．单击时间线窗口中的"医大专题"栏，如图 6-67 所示，切换回"医大专题"序列。移动位置标尺到 13 秒处，此时节目监视窗画面如图 6-68 所示，调整后效果有较明显改善。

图 6-67　时间线窗左上角的"医大专题"栏　　　图 6-68　调整位置后的节目监视窗画面

为结尾镜头做"摄像机模糊"

50．单击时间线窗口中的"嵌套序列 01"栏，切换回"嵌套序列 01"序列。单击"效果"面板，在搜索栏中输入"摄像机模糊"，找到"模糊与锐化"文件夹下的"摄像机模糊"特效，如图 6-69 所示。

51．将"摄像机模糊"特效拖曳到序列中的"校门"镜头上。移动位置标尺到序列的 17 秒 10 帧处，如图 6-70 所示。打开"特效控制台"面板，展开"摄像机模糊"参数组参数，将"模糊百分比"参数前的"切换动画"开关打开，进入动画模式，在位置标尺处自动新建关键帧，将该关键帧的"模糊百分比"调整为"15"，如图6-71所示。

图6-69 "模糊与锐化"文件夹下的"摄像机模糊"特效

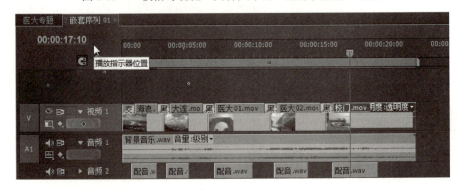

图6-70 位置标尺被移动到序列的17秒10帧处

图6-71 进入动画模式，将关键帧的"模糊百分比"调整为"15"

52. 将位置标尺向左移动10帧左右，单击"添加/移除关键帧"按钮，如图6-72所示，新建一个关键帧，将该关键帧的"模糊百分比"调整为"0"，如图6-73所示。

图6-72 "添加/移除关键帧"按钮　　图6-73 将新建关键帧的"模糊百分比"调整为"0"

制作字幕

53. 单击时间线窗口中的"医大专题"栏，切换到"医大专题"序列，移动位置标尺到序列的18秒处。选择菜单栏中的"字幕"→"新建字幕"→"默认静态字幕"命令，打开"新建字幕"窗口，将字幕名称设为"标题"，如图6-74所示。单击"确定"按钮，进入字幕窗口。

54. 单击"输入字幕工具"，再在字幕窗口中单击，输入"大连医科大学"几个字，将"字体"调整为"FZDaHei"，将"字体大小"调整为"58.0"，将"字距"调整为"10.0"，如图6-75所示。

任务六 学校专题片的制作

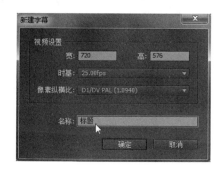

图 6-74 将字幕名称设为"标题"

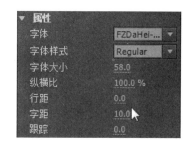

图 6-75 字幕的参数设置

55. 单击"描边"参数前的三角,单击"外侧边"右侧的"添加"项,如图 6-76 所示,给字幕添加外侧边,字幕在屏幕中的位置如图 6-77 所示,关闭字幕窗口。

图 6-76 给字幕加外侧边　　　　　　　　　图 6-77 字幕在屏幕中的位置

56. 移动"医大专题"序列中的位置标尺到 17 秒 03 帧处,拖曳工程窗口中的"标题"字幕到"视频 2"轨道的位置标尺之后,如图 6-78 所示。调整"标题"字幕在序列中的长度,使"标题"字幕尾部和"嵌套序列"素材尾部时间重合,如图 6-79 所示。

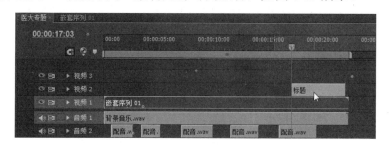

图 6-78 "标题"字幕被添加到"视频 2"轨道的位置标尺之后

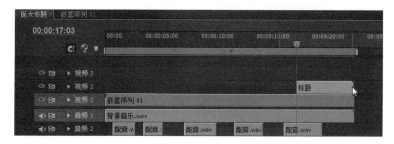

图 6-79 调整"标题"字幕的时间长度

57. 单击"效果"面板,在搜索栏中输入"裁剪",找到"变换"文件夹下的"裁剪"特效,如图 6-80 所示。

58. 将"裁剪"特效拖曳到序列中的"标题"字幕上,打开"特效控制台"面板,展开"裁剪"参数组参数,将位置标尺移动到最左侧,单击"左侧"、"右侧"参数前的"切换动画"开关,在位置标尺处新建关键帧,将"左侧"参数值调整为"50.0%",将"右侧"参数值调整为"50.0%",如图 6-81 所示。

图 6-80 "变换"文件夹下的"裁剪"特效

图 6-81 将"裁剪"特效的参数调整为"50.0%"

59. 将位置标尺向右移动 8 帧,单击"左侧"、"右侧"参数的"添加/移除关键帧"按钮,新建关键帧,将该关键帧的"左侧"、"右侧"参数值都调整为"0.0%",如图 6-82 所示,制作字幕裁切出来的动画。

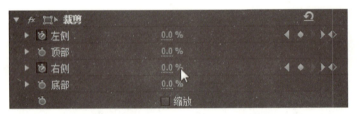

图 6-82 将"裁剪"特效的"左侧"、"右侧"参数值调整为"0.0%"

60. 新建一个名称为"年代",字幕内容为"1947—2013"的字幕。将"字体"调整为"FZDaHei",将"字体大小"调整为"40",将"字距"调整为"3",给字幕加外侧边,如图 6-83 所示。

图 6-83 "年代"字幕的样式

61. 将新建的"年代"字幕添加到序列"视频 3"轨道上,"年代"字幕与"标题"字幕完全重合,如图 6-84 所示。

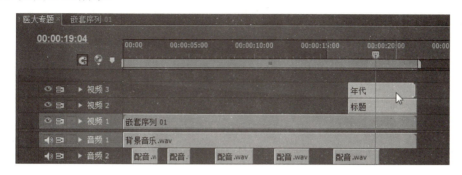

图 6-84 "年代"字幕在序列中的位置

62. 单击"效果"面板,在搜索栏中输入"快速模糊入",找到"预设"→"模糊"文件夹中的"快速模糊入"特效,如图 6-85 所示。

63. 将"快速模糊入"特效拖曳到序列中的"年代"字幕上,让字幕由模糊进入,如图 6-86 所示。

图 6-85 效果面板中的"快速模糊入"特效

图 6-86 "年代"字幕由模糊进入

△○ 给画面加光斑

64. 单击序列,让序列处于激活状态,按"Ctrl"+"A"组合键,选中序列中的所有素材,如图 6-87 所示。

图 6-87 序列中的所有素材都被选中

65. 右击选中的视频素材，在弹出的快捷菜单中选择"嵌套"命令，如图 6-88 所示。此时所有的视频镜头都组合成一个名称为"嵌套序列 02"的镜头，如图 6-89 所示。

图 6-88　"嵌套"命令　　　　　　　图 6-89　序列中的"嵌套序列 02"镜头

66. 移动序列中的位置标尺到 17 秒 03 帧，单击工具栏中的"剃刀工具"，如图 6-90 所示。将变成剃刀形状的鼠标移动到视频素材的位置标尺处单击，将视频切断，如图 6-91 所示。之后单击工具栏中的"选择工具"，如图 6-92 所示，释放鼠标。

图 6-90　工具栏中的"剃刀工具"　　　图 6-91　"嵌套序列 02"视频在 17 秒 03 帧处被切断

67. 单击"效果"面板，将"预设"→"玩偶视效"→"光效"中的"镜头光晕-横向移动"特效（见图 6-93）拖曳到后一半视频上。调整后的画面效果如图 6-94 所示。该任务制作完成。

图 6-92　工具栏中的"选择工具"　　　图 6-93　"镜头光晕-横向移动"特效

图 6-94　添加光效的画面效果

举 一 反 三

1. 将本任务制作的画面的长宽比改为 16∶9，如图 6-95 所示。

图 6-95　画面长宽比被改为 16∶9

2. 在 16∶9 画幅的基础上，给图 6-96 所示画面的 4 个角压暗。

图 6-96　画面的 4 个角被压暗

3. 在 16∶9 画幅的基础上,给画面加解说词。添加完解说词的画面如图 6-97 所示。

图 6-97　给画面添加解说词